LES VEILLÉES
DE LA FERME
DU TOURNE-BRIDE

OU

ENTRETIENS SUR L'AGRICULTURE
L'EXPLOITATION DES PRODUITS AGRICOLES
ET L'ARBORICULTURE

PAR

P. J. DE VARENNES
(P. JOIGNEAUX)

NOUVELLE ÉDITION

PARIS

LIBRAIRIE CH. DELAGRAVE
15, Rue Soufflot, 15

LIBRAIRIE G. MASSON
120, Boulevard Saint-Germain

M DCCC LXXXII

LES VEILLÉES
DE LA FERME
DU TOURNE-BRIDE

LES VEILLÉES
DE LA FERME
DU TOURNE-BRIDE

OU

ENTRETIENS SUR L'AGRICULTURE
L'EXPLOITATION DES PRODUITS AGRICOLES
ET L'ARBORICULTURE

PAR

P. J. DE VARENNES
(P. JOIGNEAUX)

NOUVELLE ÉDITION

PARIS

LIBRAIRIE G. MASSON
120, Boulevard Saint-Germain

LIBRAIRIE CH. DELAGRAVE
15, Rue Soufflot, 15

M DCCC LXXXI

3871-81. — CORBEIL, TYP. ET STÉR. CRÉTÉ.

LA FERME

DU TOURNE-BRIDE

Le point de départ. — La tante Catherine.

La ferme du Tourne-Bride n'est qu'à douze kilomètres au plus du chemin de fer de Paris à Lyon, presque aux limites du département de l'Yonne et de la Côte-d'Or. Elle appartient au père Léonard, brave et digne homme, à ce que chacun dit, et, pour que chacun le dise, il faut que ce soit la vérité.

Il y a dix ans, la misère était dans la ferme du père Léonard ; quand on parlait de mauvaises terres, on citait les siennes ; quand on parlait d'un pauvre logis, on citait le sien. De fait, les champs ne faisaient point plaisir à voir et les récoltes non plus. Quant à la maison, les murs étaient malpropres et crevassés, les volets ne tenaient plus aux fenêtres ; il y avait des bandes de papier aux fêlures des vitres, et les toits n'avaient pas été retouchés depuis longtemps; l'intérieur laissait autant à désirer que l'extérieur; c'était vaste, mais nu; les meubles ne reluisaient pas et s'en allaient de vieillesse.

Personne alors ne trouvait à redire sur les récoltes du père Léonard, parce que celles des voisins ne valaient pas mieux. On s'en prenait au terrain que l'on accusait d'être maigre et sec.

Personne ne trouvait à redire non plus sur l'intérieur de la ferme. On se contentait de plaindre le fermier et de rappeler qu'étant devenu veuf, il avait eu malheureusement bien de la peine à élever une nombreuse famille.

Mais on ne sait comment la chance a tourné depuis cinq ou six ans. Le père Léonard qui avait des dettes n'en a plus; les champs ont du rapport; le bétail augmente et se porte bien; la vieille maison a une couverture neuve en tuiles rouges; les murs ont été blanchis à la chaux au printemps dernier; on a rajusté des volets en chêne, avec une couleur verte par-dessus; on a réparé l'intérieur de la maison, commandé des meubles au menuisier de la ville, envoyé des écheveaux de fil au tisserand de quoi faire de belles pièces de toile; enfin, c'est à ne plus guère reconnaître la ferme du Tourne-Bride; et certainement l'année prochaine, on ne la reconnaîtra plus du tout. Le père Léonard fait tirer de la pierre à bâtir, et l'on s'occupe à dégrossir du bois de charpente, donc il y a des projets là-dessous.

Les gens s'étonnent de ce qui se passe au Tourne-Bride, n'y comprennent rien et voudraient bien y comprendre quelque chose.

Les uns croient que le père Léonard a trouvé un pot de vieux louis, caché pendant la Révolution.

Les autres disent tout haut que le plus jeune des garçons a mis la main sur un bon numéro de je ne sais quelle loterie.

Ceux-ci parlent d'une sœur de Léonard qui serait morte à Paris et aurait laissé un héritage assez important.

Ceux-là soupçonnent autre chose et donnent méchamment à entendre que, si le père est honnête, les enfants pourraient bien ne pas le valoir.

Enfin, je n'en sortirais pas si je voulais vous rapporter toutes les suppositions que l'on débite; j'aime mieux vous conter la vérité. La voici :

Même du vivant de sa femme, le père Léonard n'avait pas eu ses aises, mais on se donnait de la peine, on vivait de peu, et, bon an mal an, on faisait joindre à peu près les deux bouts. Quant à mettre des sous de côté, il n'y fallait point songer. Notez, en passant, que le père Léonard avait douze enfants, par conséquent des mois d'école à payer et de gros frais d'entretien à supporter. A mesure que les garçons grandissaient, ils ne se contentaient plus, pour les dimanches, du pantalon de droguet et de la blouse bleue. Les filles, qui grandissaient aussi, ne se contentaient plus de la jupe de molleton et de la coiffe d'indienne. La mode du pays commandait, car où ne commande-t-elle pas, surtout pour la jeunesse? on devait s'habiller comme les camarades, vivre avec les camarades et leur rendre les politesses qu'on en recevait. Il en coûtait donc plus qu'au temps passé, et, malheureusement, le rapport de la ferme restait toujours le même. En somme, on dépensait plus, et l'on ne gagnait pas davantage, si même on ne gagnait pas moins. Le père Léonard avait bien arrondi sa ferme, en achetant des champs qui le touchaient, mais il avait acheté à crédit et payait de gros intérêts au notaire, ce qui le gênait fort.

Les enfants du père Léonard, rendons-leur cette justice, n'étaient ni paresseux ni débauchés; ils travaillaient du soleil levant au soleil couchant toute la semaine, ne se reposaient que le dimanche et les jours de fêtes réservées; et, malgré cela pourtant, les choses allaient de mal en pis. Tout le monde se demandait pourquoi; personne ne trouvait de bonne réponse; on se bornait à dire partout : — Il y a trop d'enfants au Tourne-Bride; le pauvre Léonard ne se relèvera pas; les dettes mangeront le fonds.

Le fermier en avait peur, et les enfants en avaient peur aussi.

Sur ces entrefaites, le 1er janvier 1850 arriva. Les enfants souhaitèrent la bonne année à leur père et écrivirent une longue lettre à leur tante de Paris, excellente femme qui les aimait bien et ne manquait jamais d'envoyer un billet de cent francs pour les étrennes. Cette année-là, elle envoya une plus grosse somme encore, avec une vingtaine de lignes de son écriture ; elle disait : — « Quand « la ruche est trop petite pour nourrir les « mouches à miel, il y en a qui s'en vont ; « faites, mes enfants, comme les mouches à « miel, puisque vous ne pouvez pas tous vivre « au Tourne-Bride, séparez-vous pour un « temps ; venez me trouver à Paris. Je vous en« voie de quoi faire le voyage, et dès que vous « serez ici, je n'aurai pas de peine à vous placer. »

Le père Léonard essuya une larme ; les plus petits pleurèrent ; les plus grands eurent le cœur gros, mais le chagrin ne dura pas ; et la générosité de la bonne tante entra pour quelque chose dans les consolations.

Le père Léonard tint conseil, interrogea ses

plus grands enfants, et il fut convenu que l'aîné des garçons, Isidore, et le plus jeune, Barthélemy, que l'aînée des filles, Claudine, et la plus jeune, Jeannette, resteraient au Tourne-Bride.

Le père Léonard décida en même temps avec une émotion très-visible, que le reste de la famille, Jean-Claude, Nicolas, Hubert, Philippe, et leurs sœurs, Thérèse, Philiberte, Marguerite et Marie, iraient dans la quinzaine à Paris trouver la bonne tante Catherine.

Cette tante Catherine était depuis une trentaine d'années à la tête d'un petit restaurant du quartier Saint-Eustache, où l'on voit aujourd'hui les magnifiques Halles centrales. Tous les jours que Dieu faisait, et de grand matin, elle était sur le carreau de la Halle : les gens de la banlieue la connaissaient si bien qu'ils l'appelaient par son nom ; elle les appelait également par le leur. Catherine n'était pas moins bien connue du meilleur boucher et du meilleur boulanger de la rue Montmartre ; et même des bouchers et des boulangers forains du marché des Prouvaires ; car, pour bien acheter, il faut voir un peu partout, afin de savoir marchander à propos. En général, elle marchandait peu et payait bien. C'étaient des titres, et Catherine pouvait leur demander à coup sûr de petits services ; elle en eût demandé de gros qu'on y aurait regardé à deux fois avant de la désobliger. Le boucher avait nécessairement pour amis des éleveurs de bétail, et le boulanger des cultivateurs de froment.

Les neveux et les nièces du Tourne-Bride n'étaient pas encore arrivés à Paris, que déjà la tante Catherine savait où les placer.

Nicolas, sur la recommandation du boucher, entra avec Philiberte chez un fermier des environs de Lagny.

Jean-Claude, sur la recommandation du

boulanger, fut placé avec Thérèse chez un fermier flamand des environs de Pontoise.

Hubert et Marguerite allèrent à Puteaux, chez un maraîcher qui fournissait des légumes à la tante Catherine depuis nombre d'années.

Philippe et Marie furent placés à Neuilly, chez un pépiniériste qui était le neveu du maraîcher de Puteaux.

Toujours un frère et une sœur dans la même maison ! la tante Catherine l'avait voulu ainsi pour rendre la séparation de la famille moins dure, et aussi pour assurer en quelque sorte à chaque jeune fille un second père, un guide qui veillât sur elle, la consolât dans ses peines et lui donnât du courage. N'avoir plus de mère, plus de maison à soi, plus de famille, et se voir forcés d'entrer au service et de se mettre à gages chez des étrangers, c'était rude pour de pauvres enfants, si rude qu'on ne saurait le croire sans y avoir passé ! Les maisons étaient bonnes, mais pas une ne s'appelait le Tourne-Bride ; les maîtres étaient bons, mais c'étaient des maîtres, et pas un ne s'appelait Léonard et ne rappelait la voix du vieux père ; les villages étaient beaux, mais il ne s'y trouvait que des visages inconnus ; les églises étaient belles, mais il n'y avait point de cimetière autour, point de cimetière avec des croix noires rappelant la famille ou les amis.

Très-heureusement, le travail chasse vite les ennuis, et, au bout d'une quinzaine de jours, il n'y paraissait plus guère. Les jeunes filles ne pleuraient plus, les garçons étaient moins tristes.

La tante Catherine avait dit à chacun des maîtres : « Tous les ans, à Noël et à Pâques, quand vous serez tout à fait content de mes jeunes gens, vous leur permettrez de venir à Paris, et ces jours-là nous mangerons l'oie grasse et le jambon en famille, comme au pays ; vous verrez qu'ils feront des pieds et des mains pour vous donner de la satisfaction, et que pas un ne manquera au rendez-vous. »

Et, en effet, pendant cinq ans, les réunions de Noël et de Pâques furent toujours au grand complet. C'était, chaque fois, une nouvelle preuve de bonne conduite, ou bien les petites fautes avaient été si bien rachetées que les maîtres ne s'en souvenaient plus.

Au bout de cinq ans, la tante Catherine mourut, — Dieu ait son âme ! — et laissa quelque chose après elle, une quinzaine de mille francs, en bons écus, une armoire pleine de beau linge et des bijoux de toutes les sortes, chaîne à sept rangs, croix d'or, bagues, boucles d'oreilles, boutons de manchettes, épingles à tête d'or, etc.

Le notaire avait passé par là ; les affaires étaient en ordre, les nièces héritèrent du linge et des bijoux, les neveux de quelques centaines de francs, et le père Léonard, comme de juste, eut la grosse part. Avec cela, il paya ses dettes, qui montaient à peu près à dix mille francs, et mit le reste dans le tiroir de la grande armoire.

Le jour même de l'enterrement de la tante Catherine, les enfants de Léonard décidèrent entre eux qu'ils ne reprendraient plus de service une fois l'année finie, se donnèrent rendez-vous à Paris et prirent le chemin de fer pour retourner à la ferme du Tourne-Bride.

Heureuse journée que celle-là ! le père Léonard était à la station ; Isidore, Louise et Jeannette y étaient aussi ; Barthélemy gardait la maison. S'il n'était point là, ce n'était pas de sa faute, car la veille au soir on avait tiré à la courte paille, et il avait pris la plus courte.

Ire VEILLÉE

La science de M. Lecoutre. — Nécessité des engrais. — Moyen de les augmenter et de les conserver. — Comment il faut traiter les fumiers. — Le repos des plantes.

Quand on ne s'est pas vu depuis cinq ans, on commence par s'embrasser et par pleurer de contentement. Après cela, on se regarde des pieds à la tête pour voir si l'on a grandi, grossi ou vieilli, si l'on a perdu ou gagné ; puis ceux qui ont quitté le pays demandent à ceux qui ne l'ont pas quitté des nouvelles des parents et des amis ; puis encore, ils vont, viennent et refont connaissance avec le logis, avec les meubles, le foyer, le vieux chien qui ne les a pas oubliés, le cheval gris et la vache noire ; puis enfin l'on dîne en famille du mieux que l'on peut, avec le plus vieux vin du petit caveau, sans compter la dépense, sans regarder l'aiguille de l'horloge, comme si c'était fête patronale. En un mot, le jour de l'arrivée est tout à la joie, et il en fut ainsi au Tourne-Bride, vous le pensez bien. Personne ne remarqua que l'on était treize à table, car c'était autrefois le chiffre de tous les jours, depuis la mort de la mère.

Vers minuit, avant de se souhaiter le bonsoir, on se promit de raconter durant les veillées ce que chacun avait appris pendant les cinq longues années d'absence.

Dès le lendemain, en effet, Nicolas ouvrit la série des récits :

— Mon père, dit-il, s'il plaît à Dieu, nous ne nous quitterons plus de si tôt ; la maison est assez grande pour nous loger tous quelques années, et la terre est assez large pour nous occuper et nous faire vivre honnêtement. Si elle ne l'était pas, d'ailleurs, il y aurait moyen de l'élargir à bon marché.

Léonard ouvrit de grands yeux et secoua doucement la tête.

— Prenez patience, mon père, reprit Nicolas; vous ne douterez pas longtemps. Nous avons aujourd'hui de petites connaissances que nous n'avions pas il y a cinq ans ; nous avons vu les uns et les autres, à l'étranger, des choses qu'on ne voit pas dans le pays. C'est pourquoi je vous assure qu'avec la terre du Tourne-Bride, il y a de la ressource, et je me charge d'en faire des terres à chènevière. Jean-Claude, de son côté, fera des bœufs ou des veaux comme aux alentours de Pontoise ; Hubert fera des légumes que nous enverrons toutes les semaines sur Paris par le chemin de fer ; Philippe fera de petits arbres de pépinière, et mes sœurs se chargeront de la volaille, de la laiterie, de tout ce qui regarde le dedans de la maison.

— Beaux châteaux en Espagne, mon garçon, interrompit le père Léonard, avec un sourire d'incrédulité : c'est à peu près comme si tu me parlais de faire de l'or avec du cuivre. Le Tourne-Bride sera toujours le Tourne-Bride et jamais le Pérou.

— La terre a pourtant de la profondeur, reprit Nicolas.

— Oh! ce n'est point la profondeur qui manque, c'est la qualité.

— La qualité se donne avec l'engrais.

— C'est juste, mon garçon, mais l'engrais se vend cher, et n'en a pas qui veut, même en payant.

— Cependant, dit Nicolas, le fermier Lecoutre, chez qui j'ai passé mes cinq ans, n'en achetait pas et fumait fort. Quand il arriva, la terre était usée et l'ancien fermier ruiné.

Encore un, se disait-on, qui est las d'avoir ses aises et qui passera par où l'autre a passé. M. Lecoutre n'eut pas l'air d'entendre, laissa dire, n'en fit qu'à sa tête, ou plutôt suivant son raisonnement et son savoir, et ne s'en trouva pas mal. Aujourd'hui, ses champs valent notre jardin, peut-être mieux, et chaque année il met de l'argent de côté. Le fermier, qu'il a remplacé, cultivait beaucoup de froment, beaucoup d'avoine, passablement de seigle et d'orge, mais très-peu de fourrages, et c'est ce qui l'a perdu ; il n'avait guère de bétail à nourrir, et ses vaches passaient les deux tiers de l'année à se promener parmi de pauvres pâturages, absolument comme chez nous.

M. Lecoutre s'y est pris autrement ; il s'est procuré d'abord les poules pour avoir les œufs ; il a rempli son étable de vaches et son grenier de fourrages et de paille ; et après cela, il s'est dit : — Avec une forte nourriture, une forte litière et des bêtes qui ne sortiront de l'étable que deux ou trois heures par jour, au plus, uniquement pour prendre l'air et se dégourdir les jambes, j'aurai du fumier en quantité, et du bon, sans compter celui des chevaux qui viendra grossir le tas. — L'ancien fermier, ajoutait-il, perdait les urines du bétail ; moi, je ne les perdrai pas ; il laissait courir les eaux de fumier jusque dans les fossés de la route ; je les empêcherai bien de passer. Il ne ramassait ni les boues de la cour, ni les boues du chemin, ni les vieux gazons, ni les mauvaises herbes. J'aurai soin de ramasser tout cela à temps perdu, d'en faire un ou plusieurs tas et d'arroser ces tas avec mes eaux d'évier, de savon, de lessive, d'écurage, avec toutes sortes de rinçures. L'ancien fermier laissait sa litière étendue par la cour ; je la mettrai de suite en tas, je la presserai bien avec les pieds, et, après chaque foulage, je la chargerai de terre que je battrai avec le dos d'une pelle, pour empêcher l'eau de pluie de passer trop aisément et les gaz du fumier de s'en aller trop vite. L'ancien fermier ne voulait pas se servir d'engrais humain, parce que la chose lui répugnait ; je m'en servirai comme dans la Flandre, avec le tonneau, avec l'écope ; et je m'en procurerai à Lagny pour rien ou presque rien. L'ancien fermier faisait des céréales sur les trois quarts de ses champs ; je ferai des fourrages artificiels, des trèfles, du sainfoin, de la luzerne, des racines sur la moitié des miens, et sur l'autre moitié j'aurai, j'en suis certain, deux fois plus de céréales que lui, parce que le fourrage m'aura donné plus d'engrais et que mes terres, mieux nourries que les siennes, produiront mieux aussi.

Voilà, mon père, continua Nicolas, tout le secret de M. Lecoutre. Or, rien ne nous empêche de faire, en petit, au Tourne-Bride, ce qu'il a fait en grand du côté de Lagny. Nous avons dix vaches à l'étable, dix vaches qui, en hiver, mangent plus de paille que de foin et donnent par conséquent un pauvre fumier. N'en achetons pas d'autres pour le moment, mais achetons tout de suite assez de foin pour les bien nourrir. Les bêtes rendent en raison de ce qu'elles prennent, peu quand elles ne mangent pas à leur appétit, beaucoup quand elles vivent bien, maigre quand elles mangent maigre, gras quand elles mangent gras, de façon qu'une charretée de fumier de vaches nourries avec du foin vaudra deux charretées de fumier de vaches nourries avec de la paille.

— Ça se pourrait bien, murmura le père Léonard.

— Rien ne nous empêche non plus d'arranger nos tas d'engrais comme fait M. Lecoutre, de ne pas en perdre le jus, de relever les boues de la cour, les boues du chemin, et de les arroser comme il fait aussi ; rien ne nous empêche enfin de conduire les choses ici comme il les conduit là-bas. Il n'y a point d'argent à débourser ; il n'y a que de la peine à se donner. Avec ce que nous perdons, on engraisserait plus de terrain qu'on ne se l'imagine.

— Ça se pourrait encore bien, murmura de nouveau le père Léonard.

— M. Lecoutre me disait souvent : — L'engrais, c'est le déjeuner, le dîner et le souper des plantes ; le terrain, c'est leur table. Il faut faire avec les plantes ce que l'on fait avec ses amis. Quand je veux inviter les miens, je demande d'abord l'avis de la cuisinière. Elle ouvre le garde-manger, compte, pèse les vivres et me répond : — J'ai tant d'œufs, tant de beurre, tant de lard, tant de viande de boucherie ; vous pouvez donc, sans craindre un affront, amener cinq, dix ou douze amis ; il y a de quoi garnir la table, quand même on mettrait les rallonges. — Mais, d'autres fois, elle me répond : J'en suis bien fâchée, il n'y a que tout juste aujourd'hui pour les gens de la maison, gardez-vous de nous amener des étrangers. — Eh bien, lorsque j'ai des terres à mettre en culture, c'est-à-dire des plantes à nourrir, je m'y prends de la même façon. Je commence par mesurer mon tas de fumier, mon tas de boues, mes cendres, ma suie, ma fosse à purin, puis je me dis : J'ai tant de ceci, tant de cela, tant d'autres choses encore. Or, avec ces provisions, je peux raisonnablement nourrir quinze, vingt ou trente hectares de récoltes, plus ou moins. Je me garde bien de dépasser le chiffre.

Au Tourne-Bride, continua Nicolas, les affaires ne vont pas ainsi. Nous ressemblons un peu aux mauvais aubergistes qui ont tout juste des vivres pour dix personnes, mais qui n'en mettent pas moins une vingtaine d'assiettes sur la table. J'aimerais mieux dix assiettes seulement et de la nourriture pour vingt personnes. Les plantes et les gens qui ne mangent pas à leur faim dépérissent au lieu de profiter.

— L'observation me paraît assez juste, murmura le père Léonard.

— M. Lecoutre me disait encore : — Ceux chez qui le fumier est le plus nécessaire et qui en causent le plus souvent sont quelquefois ceux qui le connaissent le moins. Il n'y a pas un cultivateur sur cent qui sache ce qu'il contient. Eh bien ! Nicolas, je veux te l'apprendre en manière de conversation. Il y a dans le fumier, comme dans tous les autres engrais, des sels de différentes sortes qui en sont la richesse et qui s'appellent de différents noms, nouveaux pour toi. Ce sont des sels de potasse, comme ceux qu'on retire des cendres de bois ; des sels de soude, comme ceux qu'on retire des herbes marines ; des sels d'ammoniac, de chaux, etc. Par un temps chaud, les sels en question se conservent bien, mais, par un temps mouillé, ils fondent ainsi que le sucre, ainsi que le sel de cuisine, tournent en eau, descendent et font ces égouts de fumier que l'on nomme, selon les pays, purin, pureau, lizée, lizier, etc. Quand on perd ces égouts, on ne sait vraiment pas ce que l'on perd, et pourtant il y en a des cents et des mille dans ce cas-là. Ceci, Nicolas, me rappelle une anecdote dont les journaux ont parlé.

Un vieux brave homme, qui ne demeurait pas loin d'ici, le tisserand Magu, le poëte des paysans de Seine-et-Marne, vint un jour aux provisions à Lagny, acheta différentes choses, et, dans le nombre, un pain de sucre. Comme il s'en retournait et traversait la forêt, un orage à faire peur le surprit. Magu se mit sous un arbre, le plus épais qu'il rencontra, laissa passer la pluie et composa même, en attendant, quatre ou cinq couplets plaisants sur les inconvénients de la situation. Dès que l'orage fut passé, Magu reprit son chemin, rentra chez lui, mouillé comme une éponge, vida sa hotte et s'aperçut que le sucre avait fondu. Il ne restait que le papier d'enveloppe. Voilà cependant des siècles que les pluies délaient nos fumiers, fondent les sels, ne nous laissent guère que la paille, et nous ne nous en apercevons point. Il n'y a que nos récoltes qui s'en aperçoivent bien.

— Tu vois par là, Nicolas, ajoutait M. Lecoutre, que si une petite quantité d'eau est utile aux fumiers pour les faire pourrir, une grande quantité leur est bien nuisible. C'est pour cette raison que je couvre les miens avec de la terre battue, et que je devrais plutôt les couvrir d'un hangar ; c'est pour cette raison aussi que je fais ces tas de fumier aussi hauts et aussi étroits que possible, tandis que mes voisins les font larges et bas pour avoir l'air d'en produire plus que moi. Voici deux toits, le toit de la maison et le toit de ma porcherie ; le premier est long et large ; le second, court et étroit. En temps de pluie, il tombe évidemment plus d'eau sur l'un que sur l'autre, et la preuve c'est que le toit de la maison me fournit un hectolitre d'eau de gouttière, pendant que le toit de la porcherie ne m'en fournit que dix litres. La même observation s'applique aux fumiers : si le mien a moitié moins de surface que celui du voisin, il reçoit moitié moins d'eau de pluie, et se délaie par conséquent moins. Ce n'est pas tout : la hauteur des tas amène le tassement, rend les infiltrations plus difficiles et ménage les sels ; avec les fumiers bas, c'est comme avec un panier ; l'eau court à travers et ne ménage rien.

— Nicolas, me demandait un jour M. Lecoutre, tu connais le proverbe : *Pluie de janvier appauvrit le fermier.*

— Oui, monsieur Lecoutre.

— Pourrais-tu m'en donner la raison ?

— Je ne la connais pas, monsieur Lecoutre.

— Eh bien ! c'est exactement celle que je viens de donner. Une supposition : des individus fatigués et sans appétit descendent dans une hôtellerie, s'asseyent devant une table servie, ne touchent à rien dans le moment et s'endorment à côté des plats. Pendant qu'ils dorment, les chats de la maison passent et emportent les meilleurs morceaux. Les individus s'éveillent au bout d'une heure ou deux, sentent le besoin de manger, cherchent quelque chose de l'œil, ne voient plus rien et appellent l'hôtelier. L'affaire s'explique ; mais le buffet est vide, le fourneau est éteint, et pendant que l'un se confond en excuses, les autres continuent de crier la faim.

En janvier, nos récoltes fatiguées par le froid, et sans appétit, dorment, elles aussi, à côté de leurs vivres sur la grande table du bon Dieu, et ne s'éveillent guère d'ordinaire qu'à la fin de février. Si, en ce moment, les pluies passent et emportent les sels qui sont les meilleurs morceaux du fumier, les racines des plantes ne trouvent plus le nécessaire. S'il reste encore de quoi faire des tiges, des feuilles, des fleurs, il ne reste pas toujours de quoi faire des graines. La seule différence entre les voyageurs volés par les chats et les récoltes volées par les pluies de janvier, c'est que les uns peuvent adresser des réclamations à l'hôtelier, tandis que les autres ne peuvent pas en adresser aux cultivateurs. C'est à nous, Nicolas, d'y songer, de reconnaître le mal que l'eau fait au fumier, soit dans la cour de la ferme, soit au milieu des champs au cœur de l'hiver. C'est à nous de remplacer pendant le mois de mars, par une fumure en couverture, l'engrais que les pluies de janvier peuvent nous dérober.

— L'observation est juste, dit le père Léonard.

— Ce n'est pas au Tourne-Bride comme à Lagny, ajouta Nicolas; nous ne comptons guère avec l'eau des pluies et ne supposons pas que l'engrais puisse s'en ressentir. Il nous arrive de fumer une fois tous les deux ans, mais il ne nous arrive jamais de fumer deux fois par an, même le jardin. Il faut pourtant en venir là, mon père, et, s'il plaît à Dieu, nous y viendrons.

— Tant mieux, mon garçon; c'est votre affaire à tous. Voilà la ferme, vous êtes en force; aimez-vous bien, accordez-vous bien et arrangez les choses d'après le nouveau système : je vois qu'il y a du bon dans les idées de M. Lecoutre.

— Oh! pour cela, dit fièrement Nicolas, on ferait le tour du département qu'on ne trouverait pas son pareil.

IIe VEILLÉE

Il faut soigner la terre suivant son tempérament, et les plantes suivant leur appétit. — Nature des engrais appropriée à la nature des terres. — On doit rendre à la terre ce que les plantes lui ont pris. — Exemples.

Le père Léonard était comme tous les ignorants : il ne soupçonnait pas toute son ignorance, et croyait naturellement impossible tout ce qu'il ne connaissait pas ; mais comme il avait du bon sens, il vit, dès la première veillée, que Nicolas avait été à bonne école, et, après l'avoir écouté d'abord avec incrédulité et comme par complaisance, il l'écouta avec intérêt, et, le lendemain soir, il fut le premier à provoquer Nicolas à parler encore sur le sujet qui avait rempli la première veillée. — C'est bien employer son temps, dit-il, que de le passer en conversations qui instruisent ; cela vaut mieux que de raconter de vilaines histoires de voleurs, de revenants et de sorciers qui n'apprennent rien d'utile et font peur aux enfants. Allons, Nicolas, cause-nous encore de ce qui se passait dans la ferme de Lagny. Tant qu'il y aura de l'eau dans ton bief, laisse aller le moulin, et, quand il n'y en aura plus, ce sera le tour d'un autre.

— On dit, reprit Nicolas, que le premier billet de mille francs est le plus difficile à gagner, et qu'une fois celui-là gagné, les autres arrivent tout seuls. On pourrait dire de même, en agriculture, que le premier tas de fumier est le plus difficile à faire, mais qu'une fois fait, les choses vont presque toutes seules aussi.

— J'en connais pourtant, répondit le père Léonard, et plus d'un, qui sont arrivés au premier billet de mille francs, mais qui n'ont pas su aller plus loin et sont même redescendus au premier sou.

— J'en connais aussi, répliqua Nicolas, qui, avec un bon tas de fumier, n'ont rien su produire de beau. C'est qu'ils n'avaient pas la manière de s'en servir; c'est que, n'ayant d'engrais que pour dix hectares, par exemple, ils cherchaient à en engraisser vingt ou trente; ou bien encore, c'est qu'ils donnaient à un terrain humide ce qui convenait à un terrain sec, et à un terrain sec ce qui convenait à un terrain humide; ou bien enfin c'est qu'ils nourrissaient toutes leurs récoltes de la même façon.

— C'est possible, dit Léonard; chez nous, on ne s'amuse pas à faire des distinctions.

— Mon père, c'est le tort que l'on a. Les cultivateurs ont sous la main des engrais froids, comme les fumiers de vaches, de bœufs et de porcs, et des engrais chauds, comme les fumiers de cheval, de mulet, d'âne et de mouton. Ces mêmes cultivateurs ont à engraisser tantôt des terres fraîches, tantôt des terres sèches; en sorte que, s'ils ont un grain de sens commun, ils doivent comprendre que le fumier froid convient aux terrains secs, et le fumier chaud aux terrains froids. Ici, au Tourne-Bride, à l'exception d'un journal assez humide, nous n'avons que des champs secs; aussi, je me dis : Le meilleur fumier pour nous sera celui qui entretiendra le plus de fraîcheur; nos meilleurs fabricants de fumier seront par conséquent les vaches, les bœufs et les cochons; nous vendrons donc la moitié de nos chevaux, et, avec l'argent de la vente, nous achèterons des bœufs pour l'attelage et une grosse truie. Nous enfouirons aussi de temps en temps dans la terre, des sarrasins et des regains de trèfle, parce qu'il y a de l'eau dans l'herbe et que notre terrain en a besoin. Si, au lieu d'être où il est, le Tourne-Bride se trouvait au milieu de champs frais, nous ne vendrions pas les chevaux; au contraire, nous en achèterions peut-être, ainsi qu'un lot de moutons, et n'enfouirions ni sarrasin, ni regain.

M. Lecoutre, avant de venir à Lagny, ne travaillait que dans les terrains frais et ne se servait que de chevaux; mais une fois à Lagny, dans les terrains secs, il a fait charrue avec les bœufs, vendu tous ses chevaux moins trois, et acheté le double de vaches et de cochons. Vous voyez qu'il faut savoir distinguer.

Pour les récoltes, il est bon de savoir distinguer également, continua Nicolas, et voici pourquoi. — En agriculture, nous avons affaire à une véritable ménagerie de plantes. Il y en a de toutes les sortes, de toutes les couleurs, des petites et des grandes. Or, comme disait M. Lecoutre, ce sont des êtres qui vivent sans bouger de place, qui se réjouissent sans parler, qui souffrent sans crier, qui endurent la faim sans rien demander, et qui meurent avant d'appeler le médecin. Il disait encore : — Les plantes ont plus de ressemblance avec les animaux qu'on ne se l'imagine, et si nous tenions compte des points de ressemblance, nous aurions moins de fautes à nous reprocher.

Au fait, c'est la pure vérité. Parce que toutes les plantes poussent sur une propriété, on croit bonnement ici qu'elles ont été faites par le bon Dieu pour vivre toutes de la même nourriture : c'est comme si nous soutenions que les écureuils, les loups, les chevreuils, les grives et les rossignols doivent se nourrir absolument de la même manière, attendu qu'ils se trouvent les uns et les autres dans le même bois. On se moquerait bien de nous, si nous soutenions cela, et l'on aurait raison.

— Ainsi, interrompit le père Léonard, tu penses que les plantes ont des goûts particuliers et qu'elles ne mangent pas tout ce qu'on leur donne.

— Je pense, reprit Nicolas, qu'elles mangent de tout, mais peu de ce qu'elles aiment peu et beaucoup de ce qu'elles aiment beaucoup. Faute de choux, les lièvres mangent bien de l'écorce de pommier ou de sorbier; faute de souris, les chats mangent bien des asperges, et, faute de mieux, nous avons des chiens qui mangent des pommes de terre crues. — Qu'est-ce que cela prouve? — Voyez-vous, mon père, nous nous occupons un peu trop de ce que les hommes ont arrangé selon leurs caprices, et pas assez des leçons que la nature nous donne.

Si les herbes que la nature a créées devaient se plaire et vivre partout, elle ne leur aurait pas partagé l'univers par cantons, afin de mettre les unes au bord de la mer, les autres dans les bois, celles-ci dans les terrains mouillés et jusque dans l'eau, celles-là dans les terrains arides et jusque sur les rochers.

Ce que je vous dis là, continua Nicolas, n'est pas de mon invention; je le tiens de M. Lecoutre, qui en causait mieux que moi. C'est encore lui qui me disait un jour : — La nature a une manière d'appliquer les engrais que nous ferions bien d'imiter : elle permet aux herbes et aux arbres de prendre leur nécessaire dans le sol et dans l'air, mais c'est à la condition que le sol héritera tous les ans de leurs dépouilles, et c'est ce qui a lieu. Les herbes se ressèment, meurent, tombent, pourrissent et deviennent engrais ; les feuilles des arbres se dessèchent, tombent et deviennent engrais également. En bon français, cela signifie que la terre a besoin de reprendre au moins une partie de ce qu'elle a donné, et que si nous ne moissonnions ni nos froments, ni nos avoines, elle les reprendrait pour en faire d'autres. Mais le cultivateur ne lui en laisse pas le temps. Il fauche, il moissonne, il récolte, puis il consomme ou fait consommer et vend le surplus. Rien de mieux ; seulement, quand il s'agit de fumer, ce cultivateur devrait raisonner et se dire :

Le champ qui a produit le froment sera fumé, s'il est possible, avec de la litière de paille de froment, avec la colombine des pigeons et des poules qui ont vécu de grain, et avec l'engrais de ceux qui ont mangé le pain.

Le champ qui a produit de l'avoine sera fumé avec le fumier des bêtes qui en ont mangé le grain ou la paille, et qui ont été litées avec cette paille.

Le champ qui a produit le trèfle recevra le fumier des bêtes qui en vivront ; le champ qui a produit le colza recevra les tourteaux.

Le pré qui a produit le foin recevra l'engrais des animaux qui s'en nourriront, etc., etc.

— J'y suis, maintenant, interrompit le père Léonard, j'y suis : c'est pour cela que nos meilleurs vignerons fument leurs vignes avec le marc de raisins et la cendre des vieilles souches ; c'est pour cela que le jardinier du baron ramasse les feuilles de son verger, les fruits pourris, la cendre de bois, la suie, et laisse le tout se consumer en tas pendant deux ans, pour fumer ensuite le pied de ses pommiers, de ses poiriers, de ses pruniers et de ses cerisiers ; c'est pour cela que le brasseur du pays fume sa houblonnière avec les résidus de la brasserie ; ah ! j'y suis, j'y suis.

— Vous voyez, mon père, reprit Nicolas, que M. Lecoutre avait l'œil fin et ne laissait rien échapper.

— Oui, certainement, dit Léonard, il y a du bon, beaucoup de bon dans les idées de cet homme-là. Mais ce que je voudrais connaître à présent, c'est la manière de travailler la terre.

— Nous en causerons demain, répondit Nicolas.

IIe VEILLÉE

L'air et le soleil premiers agents de la fécondité de la terre. — Théorie du labourage et ses effets dans les terres légères et dans les terres forte. — Le sol comparé à la mèche d'une lampe.

La famille du Tourne-Bride était tout ébahie d'entendre dire que la terre veut être traitée de telle ou telle façon, que les plantes ont des appétits, ainsi que des personnes, et qu'un champ n'est fertile qu'à la condition qu'on lui rendra une partie des fruits de sa fertilité. « Mais c'est donc, dit une des jeunes sœurs, comme un richard qui prête son argent à condition qu'on lui donnera une partie du bénéfice qu'on fera avec cet argent. — Oui, ma petite Jeannette, repartit Nicolas, c'est justement comme cela ; mais écoute encore, et tu vas apprendre que, si tu aimes à respirer l'air et le soleil, si cela fait bien à ta santé et te rendra bientôt une grande belle fille, la terre est encore comme toi. » Alors Nicolas, se tournant vers son père, qui redoublait d'attention, continua de la sorte :

— Quand j'ouvre quelque part, aux champs ou au jardin, un trou d'une certaine profondeur, j'arrive à de la terre qui n'a jamais senti l'air ni vu le soleil. Je ne confie rien à cette terre-là, ni graines ni plantes, car les graines n'y lèveraient point et les arbres n'y prendraient pas racine.

— C'est juste, dit Léonard.

— Au bout d'un an, de deux ans ou plus, continua Nicolas, je m'aperçois que la graine y germe et que l'herbe y pousse : donc me voilà forcé de reconnaître que l'air et le soleil sont pour beaucoup dans l'affaire, et, naturellement, j'entends que ma terre neuve en prenne le plus possible, puisqu'ils s'arrangent si bien ensemble.

— C'est encore juste, interrompit Léonard.

— Quand je veux que l'air entre dans la maison, je l'ouvre; donc je dois ouvrir la terre pour l'y faire entrer aussi, et, à cette fin, je me sers d'une charrue, d'une bêche, d'une houe, ou d'une herse, d'un instrument quelconque. Labourer, c'est ouvrir les portes à l'air ; labourer superficiellement, ce n'est qu'entr'ouvrir ; labourer bas, c'est ouvrir au grand large.

— Justement, dit Léonard, que ces comparaisons nouvelles semblaient intéresser vivement.

— Remarquez bien, reprit Nicolas, que je vous répète ici, mot pour mot, ce que M. Lecoutre m'a dit cent fois ; c'est encore lui qui ajoutait : — Une fois la terre ouverte, ce n'est pas seulement l'air qui s'y glisse ; l'eau des pluies profite de l'occasion, s'y glisse aussi et va je ne sais où. Si la terre que je viens d'ouvrir est naturellement humide, son humidité descend de la surface et les racines ne sont plus exposées à pourrir : si, au contraire, j'ai affaire à une terre légère et naturellement sèche, elle ne perd rien de l'eau des pluies et se trempe si bien dans les profondeurs, qu'il en reste toujours un peu en réserve pour l'été.

Voilà pourquoi les champs humides à la surface se dessèchent par les labours profonds, et pourquoi ces mêmes labours rafraîchissent les champs secs.

Plus la terre est ouverte, me disait M. Lecoutre, plus les racines des plantes s'y enfoncent, et moins elles redoutent les fortes chaleurs de l'été ; mais, en retour, plus la terre est ouverte et plus il y passe d'eau, plus aussi les engrais descendent vite et plus il en faut pour garnir la place : qui laboure bas doit fumer fort.

Comme, avec les labours profonds, disait M. Lecoutre, on ramène souvent en dessus de la terre neuve de dessous, il convient de les pratiquer avant l'hiver, pour donner à cette terre le temps de devenir fertile et de produire au printemps.

— Cependant, fit observer Léonard, on dit chez nous que les terres sont déjà trop légères, qu'en les remuant souvent, on les rendrait plus légères encore, et que les graines aimant le terrain solide, les récoltes ne réussiraient point.

— Distinguons, répondit Nicolas; dans ces terres-là, les labours profonds ne conviennent qu'avant l'hiver, pour y amener de l'air et de l'eau le plus possible. Au printemps, quelques jours seulement avant les semailles, l'opération pourrait avoir des inconvénients. Suivez bien le raisonnement, et vous allez me comprendre : — Nous labourons, je suppose, pour ensemencer le champ ; tout de suite après, l'air et la chaleur, courant à l'aise dans la terre remuée, lui prennent son humidité de la surface en quelques heures et la rendent grisâtre. Or, s'il n'y a plus d'humidité, la germination des graines ne saurait se faire. Une graine dans la terre a besoin de trois choses pour lever : elle a besoin d'air, de chaleur et d'eau ; supprimez l'une des trois, et vous verrez qu'elle ne bougera pas ; si vous enlevez toute l'eau, ou seulement si vous en enlevez trop, n'attendez rien ou à peu près rien de vos semis. Le terrain léger qu'on laboure et qu'on ensemence le même jour par un grand soleil ou un vent sec, prouve l'exactitude de la remarque, pour peu, bien entendu, que la chaleur ou le vent dure. Heureusement il y a un moyen de parer à l'inconvénient.

La terre, racontait M. Lecoutre, se comporte avec l'eau comme la mèche de notre lampe avec l'huile. Si j'ouvre la mèche au-dessus de l'huile, plus rien ne monte et le coton charbonne. Si je remue la terre avec la charrue ou la bêche, l'eau ne monte plus du dessous, et celle qui était au-dessus s'en va : comment, après cela, les graines pourraient-elles germer ? Mais quand je donne à ma terre remuée ou divisée le temps de se rasseoir, c'est comme si je refaisais ce que la charrue ou la bêche a défait, puisque les parties divisées se rejoignent et se ressoudent pour ainsi dire ; l'humidité souterraine reprend donc son chemin, arrive vers les graines et les aide à germer. Voilà pourquoi, dans les terres légères, on recommande toujours de semer sur un vieux labour.

— Mais si l'on n'avait pas le temps d'attendre que les choses séparées se rejoignissent ? demanda Léonard.

— Vous n'avez pas besoin d'attendre et vous pouvez les faire rejoindre tout de suite en serrant fortement la terre du dessus contre celle du dessous au moyen des pieds dans la petite culture, au moyen d'un rouleau en bois, en pierre ou en fonte dans la grande ; l'humidité monte alors vers les graines, et tout va bien. Labourez un champ par un temps sec, et, au bout de vingt-quatre heures, la surface deviendra grise, parce que l'air et le soleil en auront chassé l'eau ; mais faites-y passer un homme ou un animal, et vous verrez la terre changer de couleur sur les places foulées, brunir et se mouiller, parce que l'eau souterraine aura pu y monter.

— Mes enfants, dit le père Léonard, Nicolas parle d'or ; il est heureux que ce cher garçon soit allé s'instruire ailleurs pour notre profit à tous. Nous avions le cœur bien gros quand il nous a quittés ; à présent nous n'avons plus qu'à nous réjouir.

IVe VEILLÉE

Importance du choix des graines. — Il faut bien faire attention à leur origine. — Pourquoi. — Vaut-il mieux les récolter que les acheter ? — Un assolement ; ce que c'est ; son utilité, sa raison.

Le père Léonard raconta à ses enfants qu'il venait de voir la veuve du fermier Lambert, et qu'elle était dans la joie parce que son fils cadet, dernièrement tombé à la conscription, venait d'être réformé par le conseil de révision. — Comment, s'écria-t-on de toutes parts, un grand garçon comme celui-là ! — Oui, un grand garçon. Au surplus, la pauvre femme n'est pas trop heureuse ; il ne faut pas lui envier ce bonheur-là ; réjouissons-nous-en, au contraire, mes enfants, et revenons à notre entretien sur la culture. La parole est à Nicolas, comme dit M. le maire dans le conseil municipal. De quoi vas-tu nous parler ce soir, mon garçon? — Mais toujours de la même chose, de l'agriculture, qui est une grande chose, où tout se tient. — Vas-tu nous dire encore que nous ne sommes pas dans la bonne voie? — Je vous dis que nous avons une belle et bonne écurie, un fenil bourré de foin jusqu'aux combles, de l'avoine sur le grenier, et, en cave, des racines de toutes sortes, en un mot de quoi loger des bêtes et les nourrir; mais j'ajoute, reprit Nicolas, qu'il y a bêtes et bêtes. Il y en a de bonnes et de mauvaises; de bien conformées et de mal conformées; de bien portantes et de mal portantes; il y en a qui profitent et rendent plus qu'elles ne dépensent; il y en a qui ne profitent pas et mangent plus qu'elles ne valent.

— Je suis pour les bonnes, interrompit Léonard.

— Et moi aussi, reprit bien vite Nicolas.

— Mais où veux-tu en venir, mon garçon?

— Tout simplement, mon père, à vous faire remarquer que nous avons dans la terre bien labourée une belle et bonne écurie pour les plantes, et, dans le grenier, une bonne provision de vivres, et que le bon choix des graines ne devrait pas nous être plus indifférent que le bon choix des bêtes.

— Pour le coup, s'écria Léonard, c'est pousser la comparaison un peu loin.

— Faites excuse, mon père. Les graines qui ont un germe sont de petits êtres ; ce sont pour ainsi dire les œufs couvés d'où sortent nos récoltes, ça mange et ça remue en terre, donc ça vit. Il y a de ces graines, sans que cela paraisse, qui sont mortes au moment où vous les semez. Il y en a qui n'ont, pour ainsi dire, que le souffle; il y en a qui ont des infirmités, des maladies de famille; mais il y en a aussi de vigoureuses et de robustes.

— Moi, je suis pour les plus grosses de chaque sorte, dit Léonard.

— Ce signe-là n'est pas toujours sûr. La grosseur et la taille trompent plus d'une fois. A voir les trois garçons Lambert, nos plus proches voisins, un individu qui ne les connaîtrait pas comme nous les connaissons, dirait tout de suite : — Voilà des Hercules de la foire et qui dureront jusqu'à quatre-vingt-dix ans. Et pourtant, le plus fort aurait de la peine à monter cinq doubles décalitres de froment au grenier, et je parierais qu'ils s'en iront tous les trois avant de passer la quarantaine, comme le père qui est mort poitrinaire. Voilà pourquoi le conseil de révision a réformé son second fils ; ils ont vu qu'il n'avait que l'apparence de la santé, et qu'une fois au régiment, il serait plus souvent à l'hôpital qu'à son corps. Eh bien ! les graines, ainsi que les gens, tiennent de race et héritent des qualités des parents comme de leurs défauts. Si vous semez de grosses graines de froment, provenant de petits épis, vous ferez une mauvaise opération, parce que vous ne récolterez guère que de petits épis. Les plus grosses graines de pois et de fèves se trouvent toutes seules dans de très-petites gousses, et si vous ne semiez que de celles-là, vous auriez plus de petites gousses que de grandes, ce qui ne ferait point votre compte.

— De cette façon, interrompit Léonard, il

y aurait plus de profit, selon toi, à prendre de la petite graine pour semence que de la grosse.

— Je ne dis pas cela ; je dis seulement qu'on ne doit pas toujours se fier aux apparences et qu'avant de propager une race, il s'agit d'y regarder à deux fois. Si vous me donniez à choisir entre deux épis de blé de la même grandeur, du même volume et de la même sorte, je les égrènerais en les frottant dans le creux de ma main et préférerais la grosse graine à la petite ; mais si vous me donniez deux épis de la même sorte, qui fussent, l'un rabougri, l'autre bien développé, je prendrais le grain de ce dernier de préférence à l'autre, quand même ce grain serait de moindre apparence, comme je prendrais la petite graine d'une longue gousse de fève de préférence à la grosse graine d'une gousse très-courte. Pour bien connaître les petits, il faut, à ce qu'on dit, d'abord bien connaître les parents. Tant valent les père et mère, tant valent les enfants.

— A ce compte-là, dit Isidore, qui jusqu'alors n'avait pas ouvert la bouche, il n'y a plus de sûreté pour le cultivateur qui achète ses semences, attendu qu'il ne sait jamais précisément d'où elles sortent.

— C'est mon avis, continua Nicolas; quand la chose est possible, il vaut toujours mieux les fabriquer soi-même, et c'est possible plus souvent qu'on ne le pense. On peut, jusqu'à un certain point, répondre de soi, tandis qu'on ne saurait répondre des autres.

— Pourtant, reprit Isidore, on s'accorde à soutenir que les fermiers ont de l'avantage à prendre leurs graines hors du pays.

— C'est vrai quelquefois, mais le plus souvent ce ne l'est pas. C'est vrai, quand les récoltes de l'étranger sont plus belles et de meilleure qualité que les nôtres; mais quand elles ne sont ni plus belles, ni meilleures, ce n'est pas vrai. Il y a des pays qui ont du renom pour une récolte, ou pour une autre, comme la Bourgogne pour le sainfoin, la Mayenne pour le chanvre, le midi de la France pour la luzerne, l'Angleterre pour les racines, les environs de Saumur pour le blé de mars, certaines parties de la Russie et la Zélande pour le lin. Nous avons donc intérêt à tirer nos graines de ces différents pays, afin d'avoir deux ou trois bonnes récoltes de suite; et puis c'est à recommencer. Dans le midi de la France, les petits pois sont durs; du côté de Paris ils sont tendres; que font les gens du Midi qui n'aiment pas les petits pois durs? Ils tirent leurs graines de semence de Paris tous les deux ans et mangent ainsi des pois tendres. Mais ne me parlez point de changer de semences à tout propos, sans savoir pourquoi, et de prendre à deux ou trois lieues de chez soi ce qu'on a ou ce qu'on peut faire dans sa ferme.

— Pourtant, interrompit Léonard, nous avons des anciens qui ont la pratique pour eux et qui n'entendent point raison là-dessus.

— Tant que vous voudrez, mon père, mais je crois qu'ils ont tort parce qu'ils n'agissent pas d'après l'observation, mais d'après une routine, et je le crois si bien, que je ferai les choses autrement qu'eux. Je me dirai :

1° Toutes les plantes qui se plaisent au Tourne-Bride, qui y viennent bien et y mûrissent bien chaque année, peuvent donner de bonne semence.

2° Pour que la semence soit bonne, il faut que les plantes aient leurs aises, mangent à leur appétit, je ne me lasserai pas de le répéter, et mûrissent tout à fait sur pied.

3° La meilleure graine est celle qui se détache et tombe la première, toute seule ou presque toute seule.

— Halte-là, fit Léonard, si nous attendions jusqu'au dernier moment pour moissonner, la graine resterait sur le champ et nous n'aurions que la paille.

— Pour cela, c'est sûr, ajouta Isidore.

— Je le sais bien, reprit Nicolas, pour ce qui est à consommer ou à vendre, on coupe un peu avant la parfaite maturité, et l'on ne s'en trouve pas mal. Mais je soutiens que cette graine-là ne vaut rien pour semence, parce qu'elle n'est pas à terme. Pour mon compte, je ferai mes graines à part sur un champ séparé; je fumerai bien, je sèmerai clair; j'enlèverai de mon mieux les mauvaises herbes, je laisserai mûrir complétement, et trouverai bien le moyen de ne rien perdre, à la récolte. Vous ne savez donc pas qu'en France il y a des contrées où l'on coupe les épis de blé avant de faucher la paille. Pourquoi ne couperais-je pas mes épis de semence et ne les mettrais-je pas en sacs au fur et à mesure?

— Et le temps que l'on perd? demanda Léonard.

— Employer du temps pour récolter à point la semence qui doit faire les bonnes récoltes, ce n'est pas là du temps perdu, mon père, c'est du temps bien employé; mais ce ne sont pas seulement nos graines de céréales qui sont mal faites, celles de nos fourrages et de nos racines le sont aussi. Tenez, par exemple, comment s'y prend-on pour le trèfle? On fait une coupe de bonne heure, afin d'avoir de l'herbe pour les vaches; les grosses tiges coupées en reproduisent de petites en plus grande quantité ; ces petites tiges donnent de petites têtes de fleurs qui, à leur tour, donnent de petites graines. Supposez que l'on ne prenne point de première coupe, qu'on laisse les grosses tiges se mettre à fleur, on aurait de la belle graine de semence, au lieu d'en avoir de médiocre.

Pour les racines, que faites-vous ? vous replantez les plus grosses, qui, pour la qualité, ne valent jamais les moyennes, et, au lieu de récolter de la graine qui donnera un choix de plantes, vous en récoltez qui ne donnent que des plantes de médiocre qualité. Enfin, pour dire toute la vérité en deux mots, il n'y a peut-être pas, dans la grande culture, une seule semence qui soit fabriquée et récoltée convenablement.

— Avoir de bonnes graines sous la main, continua Nicolas, c'est un point très-important, mais ce n'est pas encore tout : il s'agit d'en tirer bon parti, et, pour cela, il convient de savoir s'en servir. Avec les petits des végétaux, c'est comme avec les petits des bêtes : voici un veau du Cotentin, par exemple, qui promet de devenir une belle vache; voici un poulain du Perche, qui promet de devenir un beau cheval; mais supposez qu'un cultivateur ignorant ou négligent les achète, les loge mal et les nourrisse mal : ils ne tiendront pas, à la fin, ce qu'ils promettaient au commencement. Or, on peut en dire autant des graines; quand même elles seraient de race excellente, elles peuvent fort bien aussi ne pas tenir leurs promesses.

— Pourtant, interrompit Isidore, dans une terre bien labourée et bien fumée, ce ne serait pas facile à comprendre.

— Oh que si! reprit Nicolas. Les meilleures auberges ont leurs mauvais moments, leurs jours maigres, les heures où les fourneaux ne sont pas allumés et la fin des repas. Or, la terre a ses mauvais moments aussi : tantôt il s'y trouve de fortes provisions pour les besoins de certaines plantes et très-peu de chose pour les besoins de certaines autres plantes; tantôt les vivres sont au-dessus et le dessous est à peu près vide ; tantôt, enfin, cette auberge des végétaux, tout en étant bien approvisionnée, peut être fort malpropre. Il faut donc compter avec ces divers inconvénients avant de confier les graines au sol, et se dire : — Il est prudent de ne pas ramener coup sur coup à la même place des plantes de la même sorte ou de la même famille, parce qu'il est à craindre qu'outre l'engrais donné par l'homme, la première récolte ait consommé celui du sol qui lui était absolument nécessaire. Où l'une a bien vécu, l'autre ne saurait vivre de la même manière. Il faut se dire encore : — Il y a des récoltes qui permettent aux mauvaises herbes de pousser et de mûrir leurs semences ; donc, il est utile de faire suivre ces récoltes de plantes qui exigent des sarclages. Il y a des végétaux qui vivent à la surface du sol et ne prennent rien au fond ; donc, il convient de semer après ceux-ci des végétaux à racines pivotantes, qui aillent chercher leur nourriture au loin dans les profondeurs. Voilà les principes; mais ce n'est pas tout ; il faut se dire enfin, après cela : — Parmi les récoltes que nous pouvons faire, il s'en trouve qui réussissent bien et d'autres moins bien ; il s'en trouve que nous pouvons vendre aisément et à de bonnes conditions, tandis que la vente des autres est plus chanceuse ; il s'en trouve qui rapportent beaucoup d'argent et ne rendent guère de fumier, tandis que d'autres rapportent peu d'argent et beaucoup de fumier. Cette façon de choisir et d'arranger les choses s'appelle *organiser un assolement*.

Voici, je suppose, une terre qui me donne de l'avoine, et, avec elle, toutes sortes de mauvaises herbes qui ont porté graines et se sont ressemées. Je fauche l'avoine, l'enlève, et tout de suite après je déchaume, autrement dit, je laboure bien légèrement avec un extirpateur ou une charrue à roulettes, de façon à écorcer en quelque sorte le champ, rien de plus. Par ce labour superficiel, je recouvre les graines tombées des mauvaises herbes ; elles poussent rapidement, et je détruis les jeunes plantes avec une herse. C'est autant de pris. Après cette destruction, je

Fig. 1. — Charrue à roulettes.

pratique un labour profond avant l'hiver. Au printemps suivant, je me dis : — Malgré le déchaumage, ma terre sera encore infestée d'herbes inutiles ; il faut donc que je m'arrange de manière à m'en défaire sûrement. Pour cela, je mettrai des betteraves à la place que l'avoine occupait, et comme je serai forcé de sarcler et de biner ces racines, je nettoierai par cela même encore le terrain, et je finirai ce que le déchaumage aura commencé. Quand les betteraves seront arrachées, je sèmerai à leur place un froment d'automne, ou bien encore je laisserai passer l'hiver et sèmerai un froment de mars avec de la graine de trèfle par-dessus. Après le trèfle, rien ne m'empêchera de ramener une avoine et, après cette avoine, une racine quelconque. Seulement, il y aurait de l'imprudence à faire revenir du trèfle tous les quatre ans à la même place ; mais il n'y a pas de quoi s'inquiéter, puisque, au lieu de trèfle, nous pouvons semer des vesces (*fig.* 2), ou des féveroles à faucher en vert, ou quelque autre plante fourragère. — Voilà un assolement, entre mille,

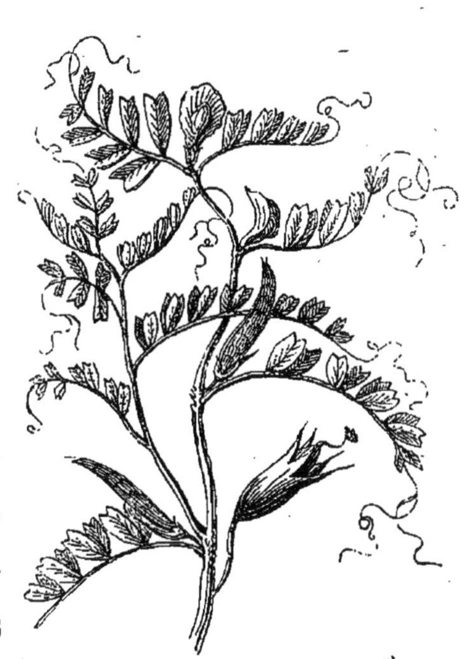

Fig. 2. — Vesce commune.

qui peut convenir aux uns et ne pas convenir aux autres, mais qui a le mérite de fournir grain, paille, fourrage herbeux, et fourrage racine.

Ve VEILLÉE

Nécessité des soins continuels pour les récoltes en croissance. — Le sarclage. — Guerre aux mauvaises herbes. — Pourquoi.

— Dans toutes nos entreprises, quelle que soit leur nature, l'esprit de suite et la persistance font la moitié du succès. Ce n'est pas avoir de l'énergie que de n'en avoir que par instant ; du courage, qu'à ses jours et à son heure ; de l'activité, que par boutade. Tout travailleur ressemble un peu à un nageur qui lutte contre le courant d'un fleuve : s'il s'abandonne de temps en temps, il perd en peu de minutes tout le chemin qu'il a fait en une demi-heure, en une heure. Nous devons donc penser incessamment à ce que nous entreprenons et à ce que nous avons entrepris, car c'est la première condition de la réussite. Nous avons quantité de cultivateurs mal avisés, poursuivit

Nicolas (car c'était lui qui parlait de la sorte), qui se croisent les bras dès que les récoltes sont levées et laissent aller les choses à la grâce de Dieu. C'est de la négligence, et, avec la négligence, on n'arrive à rien. Avant et pendant l'hiver, il convient de tenir les rigoles bien ouvertes, de remettre sur les bords la terre retombée au fond, et de ménager les pentes de façon que l'eau ne dorme point et ne forme jamais de flaques sur les champs de contour. Après l'hiver, il convient de rouler les terres soulevées par la gelée, et de herser celles qui n'ont pas été soulevées ; au printemps, il convient enfin de sarcler et, un peu plus tard, de biner.

— Qui dit sarcler, reprit Nicolas, dit ôter les herbes qui ne servent à rien. Au Tourne-Bride, nous appelons cela *désherber*, bien que l'on n'y désherbe guère.

— Oh que si ! fit Léonard, nous enlevons les chardons tous les ans, et aussi la nielle (*Lychnis githago*) et l'herbe rouge (*Melampyrum arvense*).

— Et les coquelicots? et les bluets? et les vesces sauvages? et tant d'autres qui se donnent leurs aises parmi nos champs? Qu'en faites-vous ? demanda Nicolas.

— Nous les supportons faute de pouvoir nous en débarrasser, répondit Léonard. Est-ce que l'on en finirait si l'on voulait tout sarcler ? Est-ce que l'on ne mangerait pas la récolte en frais de nettoyage? D'ailleurs, en conscience, à quoi bon pousser les choses plus loin qu'il n'est nécessaire. Du moment que nous avons coupé les chardons, qui nous gêneraient pour le javelage, et l'herbe rouge dont la graine rendrait notre pain violet, il n'y a pas lieu de se tourmenter beaucoup pour le reste. Un peu plus ou un peu moins de propreté, qu'est-ce que cela fait, en somme? Les gens ne vivent ni plus mal ni moins longtemps dans une maison balayée une fois par jour seulement que dans une maison lavée le matin, lavée le tantôt, et encore lavée le soir...

— Ce n'est plus la même chose, interrompit vivement Nicolas. Vous venez de me faire une comparaison, je vais vous répondre par une autre qui, je le pense, vaudra mieux. A deux ou trois portées de fusil d'ici, nous avons la ferme du père Bordier, qu'on verrait de la place où nous sommes, et sans ouvrir la fenêtre, s'il faisait jour. Le père Bordier est un vieux brave homme qui touche à la soixantaine; il n'a que deux garçons qui ne sont guère solides, et font tous les ans quelque grosse maladie. Je les suppose à table et à déjeuner bien tranquillement.

Sur ces entrefaites, une demi-douzaine de coquins, venant on ne sait d'où, ouvrent la porte, la referment, s'asseyent sans façon à côté d'eux, entament une miche, mettent la fourchette au plat et ne se refusent rien. Le père Bordier et les garçons du père Bordier les laissent faire, parce qu'ils ont peur et ne seraient pas de force pour les jeter à la porte. Nos six coquins reviennent à l'heure du dîner, à l'heure du souper, et ne se gênent pas plus que la première fois. Les Bordier, qui ne sont pas riches et qui n'entendent point se serrer l'estomac pour engraisser des gens de rien, qu'ils ne connaissent ni d'Ève ni d'Adam, se disent tout bas : — Bon pour une fois, bon pour un jour, mais si ça devait continuer, nous ne mangerions plus à notre appétit, nous pâtirions et finirions par nous en aller de faiblesse ; faisons un signe aux gendarmes et au garde champêtre, et qu'il n'en soit plus question.

Eh bien, continua Nicolas, nos récoltes sont, sans mentir, dans la situation des Bordier. Pendant qu'elles vivent du fumier que nous avons enterré pour elles et pas pour d'autres, il y a des milliers, des millions d'herbes de mauvais renom qui se faufilent parmi les bonnes, se nourrissent à la même écuelle, et mettent les morceaux en double. Si nous tolérons cette piraterie, si nous n'allons pas au secours de nos récoltes, si nous ne lançons pas à la poursuite des herbes parasites les sarcleurs qui sont, en définitive, les gendarmes et les gardes champêtres du règne végétal, les herbes de rien affameront les plantes utiles, prendront le dessus, les étoufferont et useront en même temps le terrain.

Le père Léonard trouva la comparaison juste.

— On ne s'occupe point assez du sarclage, reprit Nicolas, parce qu'on ne remarque pas assez que les herbes parasites vivent de la même nourriture que les autres, prennent leurs vivres au même garde-manger et leur eau à la même source. Ne perdons pas de vue que le sarclage nous conserve de l'engrais et de l'humidité, et qu'un champ sarclé reste plus riche et plus frais qu'un champ malpropre.

— Mon enfant, reprit le père Léonard, je n'avais pas réfléchi que les mauvaises herbes vivent aux dépens de nos engrais, comme le loup aux dépens d'un troupeau. Sarclons donc avec courage, et nos plantes, mieux nourries, nous donneront de meilleures récoltes.

VIe VEILLÉE

Les prairies naturelles. — Attention qu'il faut porter à l'eau d'irrigation. — Moyen facile de corriger la mauvaise qualité de l'eau. — Comment l'eau est utile aux plantes.

Nicolas prenait goût au professorat, et toute la famille l'écoutait chaque jour avec plus d'attention; les sœurs, grandes et petites, une fois le ménage fini et la vaisselle remise en place, n'étaient pas les moins empressées à venir s'asseoir autour du foyer, dont le père Léonard occupait un coin et Nicolas l'autre coin. Là, quand le père avait dit à son fils: « Allons, continue, mon garçon, » toutes les langues se taisaient, et l'élève de M. Lecoutre continuait d'exposer la science qu'il tenait de son maître. Ce soir-là, le père Léonard, qui, avant de commencer la veillée, avait été faire un tour dans l'étable, en rapportait une poignée de mauvais foin, qu'il roulait dans ses mains, puis s'adressant à son fils :

— Hier, tu nous a causé, mon garçon, des principaux soins d'entretien à donner aux récoltes des champs, mais tu as oublié de nous parler de ceux qui conviennent aux prés.

— J'y songeais, répondit Nicolas. Le foin, c'est la richesse de la ferme, et les prés font le foin. Au Tourne-Bride, nous n'avons pas lieu d'être fiers sous ce rapport ; heureusement, nous avons quelques parties de terre que l'on peut arroser, en traitant d'abord avec les voisins pour avoir l'eau.

— Mauvaise eau, dit Léonard ; quand on lui demande de l'herbe, elle donne du jonc et des plantes que les bêtes rebutent. Vois, ajouta-t-il en montrant la poignée de foin qu'il tenait, à peine si nos vaches en veulent.

— Cela vient de l'eau. Il en est de l'eau comme de toute chose : il y en a de la bonne et de la mauvaise.

— Et quand on n'en a que de la mauvaise ?

— On la rend bonne. A Lagny, nous avions

de l'eau aigre; nous avons trouvé le moyen de la rendre bonne et de faire des prés où les vieux du pays n'en avaient jamais vu et juraient leurs grands dieux qu'on n'en verrait jamais. Le maître de la ferme, qui était savant comme un livre, m'appelle un jour et me dit : — Nicolas, aussitôt que l'hiver sera passé, nous travaillerons à faire une prairie aux *Longs-Champs*. — Là-dessus, je réponds : — Monsieur, la pièce est bien placée, le nivellement ne laisse rien à retoucher, l'exposition est bonne, le terrain n'est ni trop sec ni trop mouillé, mais on assure que l'eau qui passe en tête des Longs-Champs et vient du bois, ne vaut rien du tout, qu'elle est aigre et fait pousser du jonc. — C'est vrai, répliqua le maître, mais le goût d'aigre n'est pas difficile à ôter. Tiens, Nicolas, voici un verre d'eau; elle est douce et bonne; j'y verse un filet de vinaigre; elle cesse d'être douce et ne vaut plus ce qu'elle valait pour arroser de l'herbe. Prends le verre et mets-y les lèvres. — C'est aigre, n'est-ce pas? — Tout juste. — Attends un peu, je vais la rendre douce. Il suffit pour cela de verser de la cendre de bois dans le verre, ou bien encore de la chaux en poudre. Voici des cendres, puisque je n'ai pas de chaux; remue le mélange avec un morceau de bois ou avec la lame de ton couteau, laisse reposer et goûte.

Le fait est que l'eau n'était plus aigre.

— Maintenant, ajouta M. Lecoutre, tu dois comprendre, Nicolas, qu'en ouvrant un bassin près de la pièce d'eau, en tête du bief, qu'en jetant de la cendre ou de la chaux dans ce bassin, qu'en faisant passer dessus l'eau du bois et l'agitant au passage, nous réussirons à enlever l'aigreur et à la rendre bonne pour l'arrosage.

— Oui, dit le père Léonard, la recette est originale, et peut-être pas mauvaise pour faire de bonne eau potable ; mais, ajouta-t-il en hochant la tête, j'ai de la peine à croire qu'on fasse ainsi de bons prés, et surtout qu'on fasse de bonne eau avec de mauvaise eau.

— Il convient de remarquer, reprit Nicolas,

que l'eau toute seule ne ferait pas ce qu'on pense. L'eau fait le bouillon aussi, mais elle ne nourrit le corps que quand elle a pris le jus du bœuf ou de la vache. L'eau a plusieurs manières d'agir sur les prés : d'abord elle aide les feuilles mortes à pourrir et fabrique ainsi de l'engrais naturel pour les besoins du gazon vivant. En second lieu, elle fond les sels de la terre et des fumiers, les emmène avec elle, les conduit où il faut les conduire, c'est-à-dire jusqu'aux racines, et entre avec eux dans le corps des plantes pour former la séve. En troisième lieu, lorsque le soleil est si chaud que les feuilles se fanent, retombent et ont l'air de crier la soif, l'eau les désaltère, remplace celle que le soleil a prise et réjouit l'herbe. Mais, encore une fois, l'eau toute seule, toute pure, rafraîchit, désaltère et ne nourrit point : aussi, ceux qui font de l'herbe avec cette eau-là, sans le secours de fumiers, d'engrais quelconques, de terres rapportées, n'obtiennent rien qui vaille ; de loin, c'est quelque chose de près, c'est de l'herbe molle, fade, ne se soutenant pas sur tige, longue à faner, fondant sous la chaleur, s'en allant en vapeur, et ne laissant pas de foin comme on aurait pu le croire. La bonne eau, qui fait pousser des plantes solides sur tiges, est celle qui porte le boire et le manger en même temps, telle que l'eau trouble, malpropre, l'eau qui a roulé sur les ordures des villes ou des villages ou sur des champs bien engraissés, ou enfin l'eau de source qui ramène de dessous terre toutes sortes d'excellents sels. Voilà l'eau qui fait l'herbe ; l'autre se borne à l'empêcher de mourir de soif.

Si j'avais un pré à entretenir dans un état ni trop sec ni trop frais, continua Nicolas, je m'y prendrais de la manière suivante : après l'hiver, je ferais passer le rouleau sur le gazon pour le rasseoir ; ensuite je donnerais un léger coup de herse pour conduire de l'air aux racines et ouvrir des passages à l'eau d'irrigation. Si cette eau était riche, je me contenterais de ses richesses ; si elle était pauvre, je fumerais mon pré aussitôt après le hersage ;

je ferais courir l'eau sur l'engrais au commencement de la végétation et seulement pendant trois ou quatre jours, non la nuit. Une quinzaine plus tard, quand l'herbe aurait de la vigueur et déjà de grands besoins de séve, j'arroserais pendant cinq ou six jours de suite et autant de nuits, parce que la température devenue douce ne me laisserait pas craindre de refroidissement, et je m'en tiendrais là jusqu'à la fauchaison. Mais en attendant, et à mesure que l'herbe grandirait, j'arracherais ou ferais arracher les mauvaises herbes qui, au bout de quelques années, et lasses d'être tourmentées, finiraient, bien sûr, par ne plus repousser.

Après la fauchaison, si je voulais avoir un beau regain, je répandrais tout de suite un peu d'engrais sur le gazon et j'y mettrais l'eau pendant plusieurs nuits.

— Pourquoi pas dans le jour? demanda Léonard.

— Parce que dans le mois de juin et de juillet, il fait ordinairement si chaud pendant la journée, que l'eau se met trop vite en vapeur, et que l'eau qui se met vite en vapeur donne un froid d'hiver. C'est à cause de cela qu'il suffit, pour avoir de l'eau bien fraîche, d'envelopper lacarafe ou la bouteille d'un linge mouillé et de l'exposer au soleil le plus chaud. Vous voyez par là que si l'eau fait l'herbe, c'est à la double condition qu'on la choisira bonne et qu'on l'emploiera à propos. Quand je vois des cultivateurs tenir l'eau claire sur les prés depuis le mois de mars jusqu'à la fin de mai, dans les pays où l'on fauche avant la Saint-Jean, je me dis : Voilà des hommes qui n'entendent rien à leur métier et qui usent le terrain sans le savoir. Si l'eau trouble ou sale apporte l'engrais et ne nuit pas, l'eau claire et maigre emporte l'engrais et nuit. C'est une distinction que l'on ne fait pas toujours.

Eh bien ! mon père, ne trouvez-vous pas que M. Lecoutre avait raison ? Il nous disait souvent : « Tout est un bon outil pour un bon ouvrier ; il n'y a jamais de mauvaise terre pour qui sait la connaître et la cultiver.

La terre est comme les gens : à moins que le fonds ne manque absolument, il y a toujours quelque chose à en tirer.

— Tiens, Nicolas, répondit le père Léonard en se levant et donnant le signal de la retraite, je ne mourrai pas content que je n'aie été à Lagny faire la connaissance de ton M. Lecoutre ; j'irai certainement l'hiver prochain, pendant que nos terres sommeilleront, et après avoir mis en bon ordre le déjeuner, le dîner et le souper de nos plantes pour le jour où leur appétit s'éveillera. Tu vois, mon garçon, que nous profitons de tes leçons. Bonsoir, mes enfants ; à demain la suite, n'est-ce pas, Nicolas ?

VIIe VEILLÉE

Les récoltes. — Temps propices pour faire celle de toutes espèces de plantes, racines ou tubercules, et des meilleurs procédés à employer.

Huit heures du soir venaient de sonner à l'horloge à poids placée vis-à-vis de la grande cheminée de la cuisine, et, en même temps, salle à manger de la ferme du Tourne-Bride; le père Léonard, qui avait commencé à s'endormir au coin du feu, s'éveilla au bruit du carillon, se leva pour secouer le sommeil, et appelant Nicolas, qui jouait avec le gros chien de la maison :

— Eh bien! mon garçon, lui dit-il, est-ce que tu ne nous conteras rien ce soir? Hier, je t'ai dit : à demain la suite; tu ne m'as pas répondu : es-tu donc déjà au bout de ta science?

— Pas tout à fait, mon père, mais bientôt. Je vous ai parlé des sols, des meilleurs procédés de culture, des semailles, des soins à donner aux plantes en croissance; ce soir, nous causerons des meilleures manières de récolter toute espèce de plantes ou de racines. Afin de ne rien omettre, je vais deviser : 1° des céréales, 2° des légumineuses farineuses, 3 des tubercules et des racines, 4° des fourrages artificiels, 5° des fourrages naturels, 6° des plantes industrielles. Je ne parlerai ni des légumes ni des fruits, car ce n'est point mon affaire.

Fig. 3. — Seigle d'hiver.

Autrefois, lorsque la main-d'œuvre ne manquait pas, nous nous servions de la

Fig. 4. Féverole.

Fig. 5. — Pois cultivé.

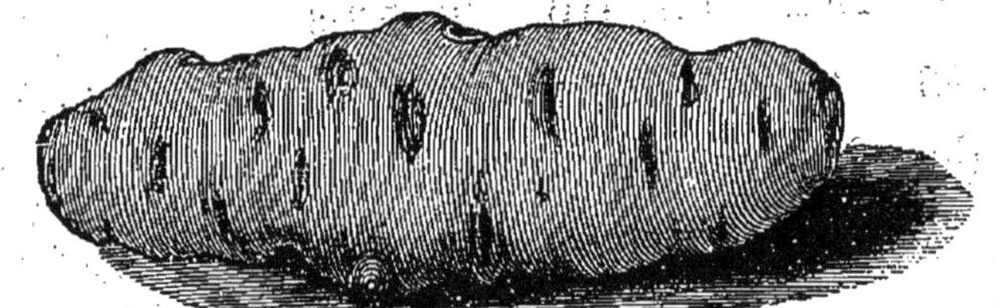

Fig. 6. — Vitelotte rouge longue de l'Indre.

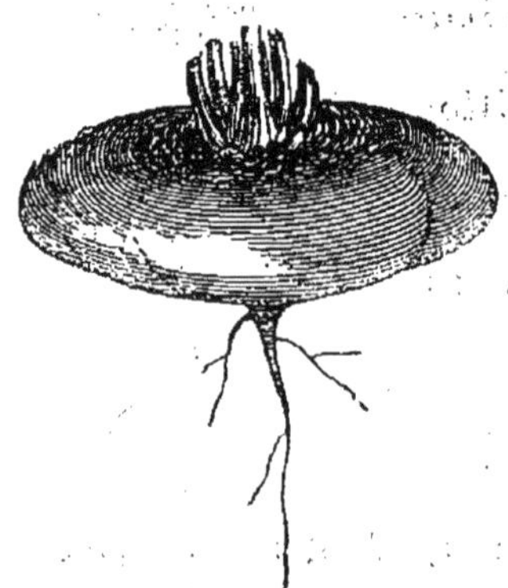

Fig. 7. — Rave aplatie.

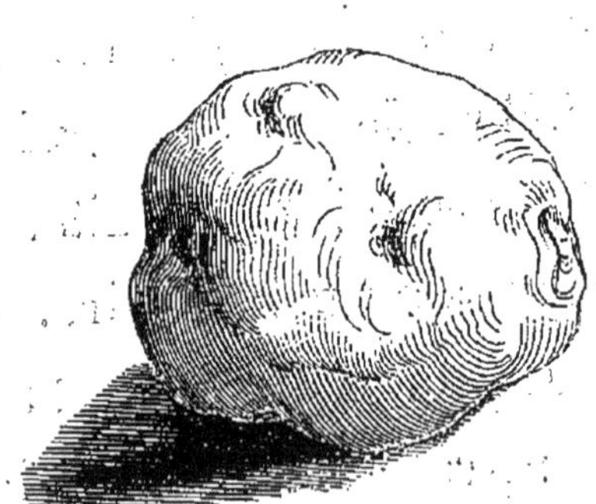

Fig. 8. — Patraque jaune.

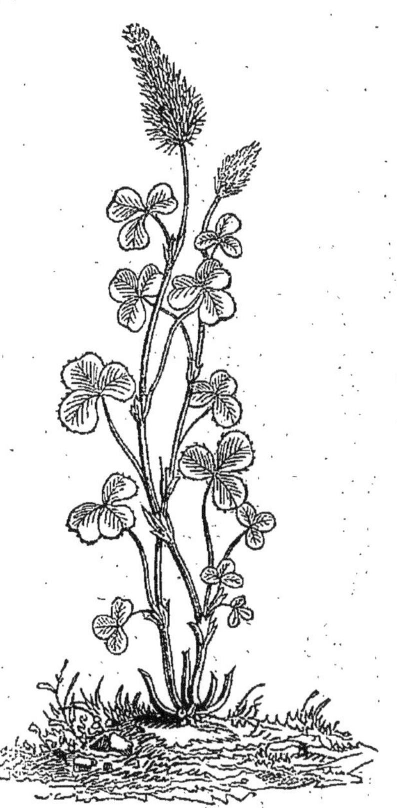

Fig. 10. — Trèfle incarnat.

Fig. 9. — Luzerne cultivée.

Fig. 11. — Trèfle blanc.

Fig. 12. — Fétuque des prés. *Fig.* 13. — Cyanure des prés.

Fig. 14. — Pavot.

Fig. 15. — Lin.

faucille (*fig* 16) pour moissonner les céréales, mais à présent que la main-d'œuvre est rare et chère, il n'y faut plus songer ; il n'y a que la sape (*fig.* 17) et la faux qui puissent nous con-

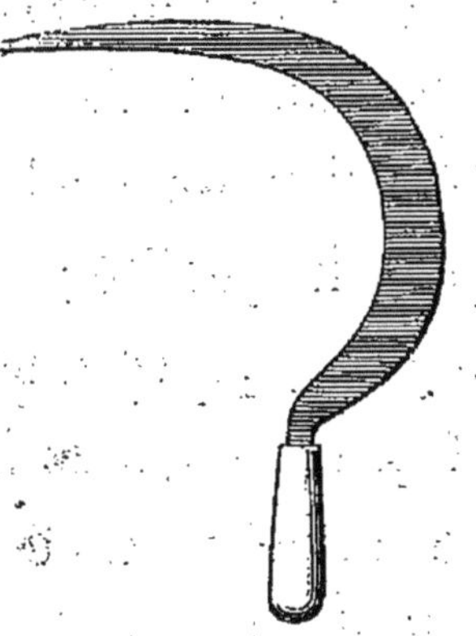

Fig. 16. — Faucille.

venir. Si je ne dis rien des *moissonneuses*, c'est qu'il est presque aussi difficile de faire manœuvrer ces machines sur des parcelles que de faire tourner des éléphants dans des cages à écureuil.

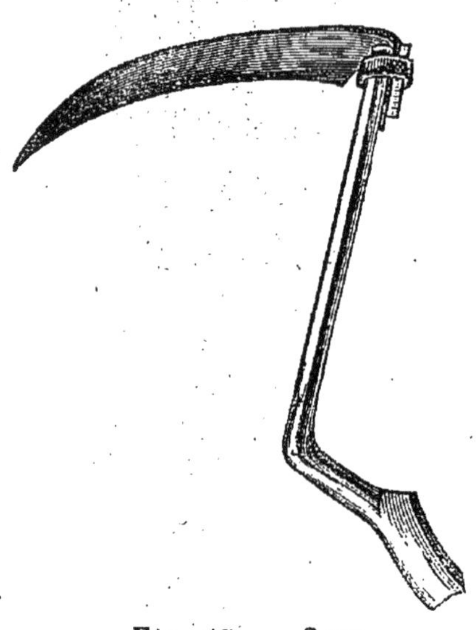

Fig. 17. — Sape.

Autrefois, nous attendions la complète ou presque complète maturité des épis avant de moissonner ; aujourd'hui, on ne parle plus que de moissonner sur le vert, et je crois que l'on n'a pas raison. Les grains qui ne mûrissent pas bien sur pied ne valent point les autres pour la qualité ; mais enfin les meuniers en veulent, parce que la farine est plus blanche et plus commode à vendre. Il ne s'agit point de discuter avec l'acheteur ; il demanderait du blé en herbe et en offrirait un bon prix, que je lui vendrais du blé en herbe ;

seulement, ayons le bon esprit, nous autres, de n'employer pour notre usage, pour la nourriture de nos bêtes, et surtout pour semence que des grains parfaitement mûrs.

Quant à la récolte des légumineuses farineuses, comme, par exemple, les féveroles, les haricots, les pois et les lentilles, il y a des signes qui ne trompent point, et le mieux c'est d'attendre que les gousses soient bien desséchées.

Pour les tubercules et les racines, on ne se presse pas d'ordinaire ; parfois même on ne se presse pas assez, et nous en voyons qui se laissent surprendre par les pluies ou par les gelées. Les topinambours et les panais résistent bien à l'hiver, et peuvent rester en terre jusqu'au printemps, mais c'est l'exception ; les navets et les carottes semés tardivement peuvent résister aussi, mais c'est moins sûr ; il y a de mauvaises chances à courir. Donc, tout bien calculé, je pense qu'il faut commencer l'arrachage des tubercules et des racines vers la fin de septembre et le finir vers le quinze octobre. L'important, c'est de bien choisir son jour, d'éviter les temps humides quand on le peut, d'attendre que la rosée soit tombée avant de travailler, et de laisser les plantes se ressuyer à l'air et au soleil pendant trois ou quatre heures, avant de les rentrer.

Au Tourne-Bride, et presque partont, continua Nicolas, il est d'usage de ramasser ensemble les racines d'une même sorte quand même elles auraient été semées à des époques différentes, et de n'en former qu'un seul tas soit à la cave, soit au cellier, soit en fosse ou en silo. L'usage ne vaut rien, et voici pourquoi : les racines, semées tardivement et qui n'ont pas eu le temps de se développer tout à fait, se gardent mieux que les racines de la même sorte, semées de bonne heure et tout à fait développées. Ce que l'on perd en volume, on le gagne en durée. Les carottes semées en février ou mars seront plus belles, à l'époque de l'arrachage, que les carottes semées en avril ou mai, mais elles dureront moins, les navets semés en juillet seront plus beaux à la Toussain-

que les navets de la fin d'août ou de la première quinzaine de septembre, mais ils dureront moins aussi. Nous avons donc intérêt à ne point les mêler, afin de commencer la consommation par les racines semées de bonne heure et de la finir par les racines semées tardivement.

— Cependant, dit Léonard, on a remarqué que les pommes de terre qui ne sont pas bien mûres ne se soutiennent pas en cave comme les autres.

— C'est très-vrai, reprit Nicolas, mais vous saurez que les pommes de terre sont des tubercules, non des racines ; que les tubercules sont tout simplement des branches qui poussent sous terre au lieu de pousser au-dessus. Cela est si positif qu'il suffit de découvrir des pommes de terre, de les mettre à l'air et au soleil et de tordre les tiges principales pour forcer les pommes de terre en question à donner tiges et feuilles. Entre les tubercules qui ne sont pas mûrs et ceux qui le sont entièrement, il y a tout juste la différence qui existe entre les rameaux de vigne, au mois de juin, et ces mêmes rameaux au mois d'octobre. Or, essayez de faire des bottes avec les rameaux des deux sortes et vous verrez que les vieux se conserveront autrement que les jeunes.

— Il n'y a pas de doute, quant à cela, dit le père Léonard.

— Il ne saurait y en avoir non plus quant aux pommes de terre, répliqua Nicolas.

A présent, poursuivit-il, je vais vous dire ma façon de penser sur la récolte des fourrages artificiels et naturels. Pour les uns comme pour les autres, la floraison annonce que le temps de faucher est venu. Plus tôt, l'herbe est trop tendre, trop remplie d'eau et trop fade; elle se fane par conséquent difficilement, ne rend guère de foin et n'a pas les qualtiés désirables. Plus tard, l'herbe est déjà dure et ne convient pas à toutes les bêtes, et plus l'on attend, plus les tiges deviennent coriaces, plus les premières feuilles perdent de leur qualité, jaunissent et se détachent, et plus enfin le terrain se fatigue. Les fourrages à plusieurs coupes repoussent avec beaucoup de peine quand on les a laissés longtemps sur pied. Qui veut de beaux regains doit faucher tôt et non trop près de terre, car la feuille qui reste appelle la feuille à venir. — Quand on a pris l'herbe à point pour la faucher, il convient encore de savoir la faner convenablement, de manière à lui conserver le plus possible sa couleur verte et son aromé. Or, d'ordinaire, nous n'y regardons pas d'assez près ; pourvu que la besogne s'exécute vite, nous nous frottons les mains d'aise et croyons tenir la pie au nid. A mon avis, cependant, il y a une bien grande différence entre l'herbe fanée par un temps doux et couvert et l'herbe fanée au galop par un soleil brûlant. Le soleil trop vif rend le foin cassant, le fait sonner sous la fourche et lui enlève ses meilleures qualités, sa couleur verte et son arome. Au contraire, le foin fait à l'ombre ou à peu près, c'est-à-dire sous la protection des nuages, maintient son élasticité, sa couleur, son odeur agréable et vaut, sans mentir, le double et le triple de l'autre. Si la manière de dessécher les plantes n'avait pas d'influence sur la qualité, les herboristes exposeraient les leurs au soleil au lieu de les étendre au grenier ou sous un hangar. Ils en seraient quittes à moins de peine. — Comme nous n'avons à compter, pour le fanage, ni sur les greniers ni sur les hangars, nous devons trouver l'ombre même en plein soleil, et le moyen d'en avoir assez, c'est de ne pas trop étendre l'herbe, de la tenir par couches épaisses plutôt que minces toutes les fois que l'on opère sous un ciel bleu et une chaleur brûlante. De cette façon, le dessus blanchit et pâtit, mais le dessous se maintient comme il faut.

Je passe maintenant à la récolte des plantes industrielles. Quant à celles qui donnent de l'huile, telles que la navette, le colza, le pavot et la caméline, il ne faut pas attendre, pour les couper, qu'elles soient tout à fait mûres, parce qu'on les égrènerait trop. Dès que les siliques de la navette et du colza sont jaunes, il convient de les moissonner et de laisser la maturation s'achever en tas ; dès que les têtes d'œillette ou de pavot passent au gris jaunâtre, on peut les arracher avec précaution et les mettre en bottes et debout ; enfin, dès que les fruits de la caméline jaunissent, le moment est venu d'arracher la plante ou de la couper et de la rentrer sur des chariots garnis de toile, afin de ne rien perdre des graines que le mouvement du chariot fait toujours tomber. — S'agit-il de plantes industrielles textiles, telles que le chanvre et le lin, il convient de savoir qu'en les arrachant de bonne heure, on obtient de la filasse plus fine qu'en les arrachant tardivement.

VIIIe VEILLÉE

Conservation des récoltes de toute espèce. — Le chaud et le froid. — Moyens les plus simples et les moins dispendieux de conserver les grandes et les petites quantités.

M. Lecoutre nous disait souvent : Tout ce qui vit de la vie végétale a besoin de nos soins constants, depuis le jour où l'on sème jusqu'au jour où l'on consomme. Quand certains végétaux sont arrivés à maturité et récoltés, ils vivent encore, et si nous les abandonnons à eux-mêmes, les uns meurent, les autres se comportent mal, et de cette façon les meilleures récoltes nous fondent entre les mains, sans qu'il nous en reste de quoi payer nos peines et nos sueurs. Les récoltes sont le pain quotidien que Dieu nous a donné en peu de mois pour toute notre année ; il faut donc les faire durer, c'est-à-dire les conserver en bon état le plus longtemps possible. Or, les gens qui s'entendent à la conservation des denrées sont plus rares qu'on ne se l'imagine. En ce qui regarde les fourrages secs et les céréales en gerbes, nous nous servons habituellement des fenils et des granges. Il y a mieux que cela pourtant : je préfère, pour mon compte, les meules recouvertes d'un toit léger que l'on fait descendre ou remonter à volonté, comme en Hollande (*fig.* 18). Les fourrages et les gerbes qui reçoivent l'air de tous les côtés gardent leurs qualités plus sûrement qu'entre quatre murs et sous un toit. D'ailleurs, les meules coûtent moins cher à élever que les fenils et les granges à construire.

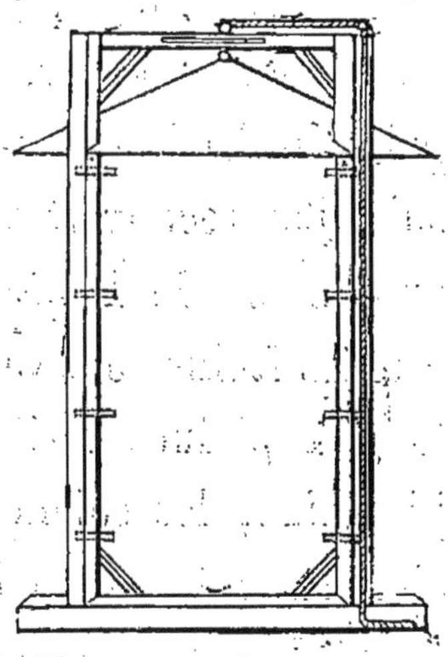

Fig. 18. — Meule recouverte.

En ce qui regarde les racines et les tubercules, ajouta Nicolas, nous nous y prenons rarement bien pour les conserver ; hier, pas plus loin, je causais encore de cela avec le père Bordier, notre voisin, qui se plaignait de sa cave, de ses silos, et de je ne sais plus quoi, selon son habitude. Cet homme-là se plaint toujours, et ce n'est peut-être pas sans motifs. — Voilà déjà, me disait-il, les pommes de terre qui germent en cave, les pousses de carottes et de betteraves qui se montrent; mauvaise cave! mauvaise cave! je ne suis point tranquille non plus sur les racines que j'ai enterrées au dehors. J'ai pourtant donné aux trous deux mètres de profondeur; j'ai mis de la paille au fond, sur les côtés et par-dessus; ensuite j'ai recouvert de terre que j'ai battue avec le dos de la bêche; et sur la terre, dès que les froids sont venus, j'ai jeté du fumier long à pleines civières. On ne pouvait pas, j'imagine, les soigner mieux, les tenir plus chaudement contre l'hiver, et, malgré cela, l'aîné de mes garçons, qui a fait un trou à chacun des tas pour savoir ce qui s'y passait, m'assurait tout à l'heure que les racines donnaient de l'odeur.

J'ai répondu au père Bordier que la nouvelle ne m'étonnait pas, attendu que, chez lui, tout aussi bien qu'au Tourne-Bride, on s'y prenait, pour conserver les denrées, absolument comme si on voulait les perdre.

— Merci du compliment ! interrompit Léonard. A t'entendre, on croirait, Dieu me pardonne, que les gens du pays n'ont pas le plus petit soin de leurs racines ; c'est injuste, mon garçon ; nous faisons pour elles ce que nous faisons pour nous autres. Aussitôt que le vent du nord souffle et qu'il gèle à glace, nous quittons les habits d'été, nous mettons les gros pantalons, nous mettons les tricots de laine et nous allumons un bon feu du matin au soir. Or, dans le même moment, nous bouchons avec du fumier chaud les soupiraux de nos caves et nous couvrons encore nos silos de ce même fumier chaud. Il ne faut pas être sorcier pour deviner que la chaleur préserve du froid.

— C'est précisément ce que me disait aussi le père Bordier, reprit Nicolas.

— Et qu'as-tu répondu ? demanda Léonard.

— J'ai répondu qu'il fallait faire le contraire de ce qu'on faisait, et j'ai donné les raisons que voici : — Pour qu'une pomme de terre ou une racine germe, il faut trois choses : de l'air, de l'humidité et un certain degré de chaleur. Supprimez l'une des trois choses, et vos pommes de terre pas plus que vos racines ne germeront. Si rien ne germe ni ne pousse en hiver, ce n'est faute ni d'air ni d'humidité, c'est faute du degré de chaleur en question ; recouvrez et chauffez un peu, et vous verrez la germination marcher en hiver comme dans les autres saisons. Vous ne pouvez pas supprimer l'air de la cave ; vous ne pouvez pas supprimer l'humidité non plus, car les murs et la terre en sont pleins ; il s'agit donc de s'attaquer à sa chaleur et de l'empêcher d'arriver au degré voulu. C'est précisément ce que font les gens qui changent leurs pommes de terre de place à la fin de l'hiver pour les empêcher de *s'échauffer*, c'est ce que font aussi les gens qui remuent les grains sur le grenier avec une pelle en bois. Attendez, je vais vous faire comprendre ce qui se passe : une pomme de terre est un être vivant, de même qu'une racine, de même qu'une graine, de même qu'un arbre, et la preuve c'est que ça pousse et se multiplie. Eh bien, tout ce qui vit donne de la chaleur plus ou moins. On s'en aperçoit sur l'homme et les animaux qui se refroidissent aussitôt qu'ils meurent ; on ne s'en aperçoit pas sur l'arbre que l'on touche, sur le tubercule, sur la racine, ou la pincée de graines que l'on saisit, parce que le degré est très-faible. Cependant, si, en pleine campagne, au moment de la fonte des neiges, vous aviez l'un à côté de l'autre un arbre mort et un arbre vivant, vous observeriez que la neige fond plus vite au pied du vivant qu'au pied du mort ; cependant, vous pourriez remarquer aussi que la cave est d'autant plus chaude et le grenier d'autant plus chaud qu'il y a, dans l'une plus de pommes de terre ou de racines, et dans l'autre plus de graines. M'accordez-vous cela? demanda Nicolas.

— Oui, oui, c'est juste, répondirent les auditeurs.

— Eh bien, votre réponse me suffit. Vous reconnaissez par cela même que chaque plante, que chaque graine produit un peu de chaleur, si peu que peu. Or, du moment que vous admettez avec moi qu'une pomme de terre produit un peu de chaleur, vous devez admettre que deux pommes de terre en produisent plus qu'une seule, que trois en produisent plus que deux, et qu'enfin un gros tas en produit plus qu'un petit. Voilà pourquoi les gros tas de pommes de terre et les gros tas de graines s'échauffent plus vite que les petits tas. La chaleur y est plus considérable et y dort mieux, attendu que l'air y passe moins aisément. Si l'air pouvait y courir vite, la chaleur qui dort serait chassée vite aussi, l'échauffement ne se ferait plus aussi promptement et les germes ne partiraient point avant l'heure.

Or, continua Nicolas, faire courir l'air parmi des tas de pommes de terre, ce n'est point, après tout, la mer à boire ; il suffit, pour cela, que les tubercules ne touchent ni la terre ni les murs et que l'on ait soin de ménager des courants dans le tas. Rien de plus facile : avec des rondins de bois, des claies ou des perches sur ces rondins, on empêche les tubercules de porter sur le sol de la cave, et l'on établit une prise d'air par-dessous. Avec des fagots ou de la paille de colza et de navette, on empêche les tubercules de s'appuyer contre le mur et l'on établit une seconde prise d'air ; enfin, avec deux ou trois fagots placés debout sur les claies, on forme des courants frais parmi le tas et il devient impossible à l'air chaud d'y séjourner. Ce n'est pas tout : pour que la circulation de l'air se fasse convenablement, il convient d'avoir deux ouvertures aux murs de la cave, en regard l'une de l'autre, et de ne pas les tenir bouchées avec du fumier pendant plusieurs mois consécutifs. Chaque fois que le temps s'adoucit dans la journée, il faut donner de l'air des deux côtés, et reboucher le soir à la tombée de la nuit. C'est, enfin de compte, une très-petite besogne, dans une saison surtout où les moments ne sont guère précieux.

— Avec les racines, continua Nicolas, la conservation devient encore plus facile en cave qu'avec les tubercules. On peut les arranger sur deux longueurs à la façon du bois de corde, de telle sorte qu'elles ne touchent ni le sol ni les murs et qu'il y ait des passages entre les tas. Ainsi arrangées, l'air court parmi ces racines, chasse la chaleur qu'elles produisent et ne leur permet pas de s'échauffer. Le contraire arrive quand on jette négligemment les racines en tas. C'est le trop de chaleur qui compromet tout, qui gâte tout ; s'il en fallait de nouvelles preuves, je vous ferais remarquer que les tubercules et les racines se maintiennent mieux dans un cellier que dans une cave, parce que, en hiver, le cellier est moins chaud que la cave, et qu'elles se maintiennent mieux aussi en tas au-dessus du sol, avec une couverture de paille et de terre, qu'enfouis et étouffés dans un trou. Dans ce dernier cas, la chaleur reste ; dans le premier il s'opère toujours un certain refroidissement favorable à la conservation. M. Lecoutre se contentait de faire des rigoles de 40 à 50 centimètres de profondeur dans ses champs de jeunes navets et de carottes ; il y mettait ses racines debout l'une à côté de l'autre, recouvrait de 40 à 50 centimètres de terre et les laissait ainsi passer l'hiver sans inconvénient. Il ne voulait même pas que l'on mît ses rutabagas ou navets de Suède sous un hangar à jour, avec des gazons et de la terre par-dessus : il nous les faisait empiler, comme des boulets de canon, au beau milieu de la cour, à tous les vents, avec un peu de paille en couverture d'abord ; puis, au fur et à mesure que le froid menaçait, on rechargeait d'un peu de terre, dont on augmentait l'épaisseur selon le froid.

— Tu as beau dire, objecta Léonard, je ne dormirais pas tranquille avec ces petits moyens-là.

— Vous auriez tort.

— C'est possible, mais on ne commande pas à la peur.

— Rien n'empêche d'essayer et de se convaincre, dit Nicolas.

— Et pour que les graines ne s'échauffent pas au grenier, comment doit-on s'y prendre? demanda Léonard.

— Il n'y a que les graines mortes qui ne germent pas; donc celles qui peuvent germer vivent, et, comme le froment, l'orge, l'avoine, la navette, le colza, la féverole, les pois et les lentilles qui sont au grenier ne manqueraient pas de lever, si nous les semions en terre et en saison convenable, j'affirme que ces graines sont vivantes, que chacune d'elles a un peu de chaleur, puisque c'est le signe de la vie, et que les gros tas s'échauffent nécessairement plus vite que les petits.

— Nous savons cela, dit le père Léonard, et nous savons aussi qu'en remuant de temps en temps les gros tas, on évite ou l'on arrête l'échauffement.

— C'est clair, reprit Nicolas; en remuant, vous chassez l'air chaud, et le remplacez par l'air froid. A mon avis, il vaudrait mieux ne pas laisser à l'air le temps de s'échauffer. Ce serait chose facile : rien qu'avec des tuyaux percés de tout petits trous à leur circonférence, placés dans les tas de graines à divers étages, et de façon à ce que l'air puisse entrer par les deux bouts de chaque tuyau, la chaleur ne serait point à craindre. Quant aux gens qui n'ont à conserver qu'un petit nombre de doubles décalitres, le mieux serait de les étendre sur une mince épaisseur et d'ouvrir par moments les lucarnes du grenier. Les graines de navette et de colza sont, entre toutes, les plus promptes à s'échauffer ; aussi a-t-on grand soin de les conserver avec la menue paille sans la vanner, parce que cette menue paille permet à l'air de passer.

Pour cette fois, me voilà au bout de ma petite science; je vous ai dit tout ce que j'ai appris chez M. Lecoutre, où je n'ai pas perdu mon temps, comme vous voyez. Je suis bien curieux de m'instruire, à mon tour, de ce que Jean-Claude a appris chez M. Manesse, aux environs de Pontoise. Je cède ma place, prends mon escabeau, Jean-Claude, et dis-nous bien tout ce que tu sais, car c'est une grande affaire que les animaux dans une ferme. M. Lecoutre nous disait qu'une ferme sans bestiaux était comme un moulin sans eau. — Jean-Claude allait prendre la place de son frère; mais le père Léonard entendit sonner neuf heures à son horloge, et leva la séance : — Il est tard, mes enfants, il faut que je sois demain de bonne heure à la ville; assez donc pour ce soir; Jean-Claude, mon garçon, je te donne la parole pour la prochaine veillée.

IXe VEILLÉE

Avantages de l'éleveur de bestiaux. — Principes généraux de son art : comment il faut l'entendre suivant les pays. — Bonne installation des étables. — Signes auxquels on reconnaît les vaches propres à l'engrais et les vaches laitières. — Les moutons à laine et les moutons de boucherie. — Les porcs : caractères de ceux faciles à engraisser.

Je ne sais pas, dit Jean-Claude, si j'aurai la langue aussi bien pendue que mon frère Nicolas, je vais faire de mon mieux, et vous conter tout ce que mon ancien maître m'a appris sur l'élève des bestiaux.

— Vous saurez d'abord que M. Manesse n'est pas de Pontoise. C'est le fils d'un fermier qui a fait de bonnes affaires dans l'arrondissement de Lille, en élevant des chevaux, des vaches et des porcs. Je vous dis cela pour que vous sachiez qu'il a été à bonne école. S'il n'a pas continué le fermage du père, c'est que les loyers sont plus lourds là-bas qu'au temps passé, et qu'il y a plus à gagner aux environs de Pontoise qu'aux environs de Lille. Quand j'arrivai chez M. Manesse, il me demanda d'où je sortais; je lui répondis que je sortais du Tourne-Bride. Il me demanda ensuite ce que l'on faisait au Tourne-Bride; je lui racontai la chose tout au long, et, quand j'eus fini, il se mit à rire aux éclats, et à me dire que nous n'avions pas inventé la poudre, et que nous n'entendions rien au gouvernement d'une ferme. J'ai, ajouta-t-il, une manière de voir qui n'est pas celle de ton père; pendant qu'il cherche le profit dans les céréales, je le trouve, moi, dans les animaux de la ferme. Ils ne font pas seulement le travail et la viande qui se paye bien; ils font encore le bon fumier, et celui-ci fait les bonnes terres, et les bonnes terres font les grosses récoltes. Voilà le secret, Jean-Claude. J'entends que mes bêtes soient bien choisies, bien nourries, bien logées et bien litées. Si je pouvais me passer de chevaux, je n'en élèverais point, mais j'en ai besoin pour les transports rapides et le labourage des terres fortes. Pour les vaches, les veaux, les moutons et les porcs, c'est différent, car j'y vois un gros bénéfice.

— Le talent du cultivateur, disait souvent M. Manesse, consiste à savoir au besoin changer de méthode en changeant de pays. Ici, je ne conduis pas les affaires comme on doit les conduire dans l'arrondissement de Lille ; et, si j'étais au Tourne-Bride, je ne les conduirais pas comme ici. Les terrains commandent et les débouchés commandent aussi ; il faut donc savoir s'arranger avec les terrains et avec les débouchés. Au Tourne-Bride, je ne voudrais que des attelages de bœufs pour la charrue, parce que la contrée est montagneuse ; parce que le sol est sec et que le fumier de bœufs lui convient par-dessus tout, et aussi parce que le harnais des bœufs ne coûte guère et qu'on revend les bêtes au boucher quand elles sont lasses de travailler. Pour ce qui regarde les bêtes de rente, continuait M. Manesse, il faut de même tenir compte des usages du pays et de la facilité de se défaire des produits.

Ainsi, dans les pays de pâturages, on laisse les animaux dans l'herbe depuis le printemps jusqu'aux neiges, après quoi on les livre à la boucherie ; dans les pays de distillerie ou de sucrerie, on engraisse à l'étable ; dans les localités qui sont rapprochées des grandes villes, on s'attache aux bêtes laitières ; autre part, on fabrique des fromages ou du beurre ; autre part encore, on trouve plus particulièrement son profit à faire l'élève des veaux, comme nous faisons dans ce pays ; tu dois avoir entendu parler des *veaux de Pontoise*. Enfin, dans les contrées même où la terre est à bas prix, où les grands domaines sont communs, où les maigres pâturages abondent, les moutons sont ordinairement d'un bon rapport et les porcs aussi. Avant donc de prendre un parti, il convient de consulter les positions, et de se demander lequel offre le plus d'avantages. Voilà pourquoi il est absolument nécessaire qu'un cultivateur sache distinguer en foire une bête d'engraissement d'une bête laitière, une race fine de moutons, d'une race commune, une race de porcs disposée à prendre la graisse, d'une race difficile à engraisser.

— Ce n'est pas tout, reprenait M. Manesse, il est bon que le cultivateur sache aussi que les étables ne sont pas sans influence sur les animaux et que la plupart des nôtres sont mal bâties et mal disposées. Les bêtes ne vivent bien, ne se portent bien qu'à la condition d'avoir leurs aises, d'être tenues proprement et de ne point manquer d'air. C'est ce que les gens ignorent trop souvent, et c'est pour cela que nous rencontrons tant d'étables malpropres et mal aérées, où les animaux souffrent plus qu'on n'ose se l'imaginer. En été, il convient de renouveler l'air des étables aussi souvent que possible; en hiver, il convient également d'y maintenir une douce température, non une température étouffante, comme cela arrive très-fréquemment, surtout dans les bergeries. — Tu sauras enfin, Jean-Claude, qu'on a fait aux porcs une réputation de malpropreté qu'ils ne méritent pas, uniquement parce qu'on les voit se rouler avec délices dans l'eau des mares, au moment des grandes chaleurs. Ces animaux-là sont peut-être les plus propres entre tous ; il n'en est pas qui aiment autant les lavages répétés et la litière fraîche.

— Là-dessus, dit Jean-Claude, je demandai à M. Manesse à quels signes à peu près certains, on pouvait reconnaître les animaux propres à telle ou telle exploitation, et voici ce qu'il me répondit :

Il y a des signes, sache-le bien, pour distinguer, parmi les bêtes, celles qui valent quelque chose de celles qui ne valent rien ; il y en a pour les chevaux comme pour les vaches, mais, en fait de chevaux, les plus habiles s'y trompent ; donc, il vaut mieux s'en rapporter au maquignon qu'à soi. Pour les vaches, c'est différent, et il ne faut pas beaucoup de finesse pour s'y connaître ; il s'agit de savoir d'abord si l'on veut acheter des vaches pour les engraisser ou pour en avoir du lait.

Du moment que nous voulons faire de la graisse, nous devons nous attacher à des bêtes

Fig. 19. — Vache bretonne

croisées, qui aient les os petits, le corps assez court, la poitrine assez large, les jambes fines et la peau souple et luisante.

Mais si nous voulons faire du lait, les signes ne sont pas les mêmes; ainsi, les vaches les mieux conformées ne sont pas ordinairement les meilleures, et les plus laides sont bien souvent celles qui ont le plus de qualités. En général, et sauf de rares exceptions, une bonne laitière a le corps allongé, assez bas sur jambes, la tête petite, l'œil doux, à fleur de tête, avec un enfoncement bien marqué dans les os au-dessus et au-dessous de l'œil, l'oreille large, mince à voir le jour à travers et jaunâtre en dedans. Le front sera déprimé au lieu d'être bombé; la corne aura le grain fin et luisant; la poitrine sera étroite; les épaules iront en dehors et feront pointe sous la peau; l'échine sera prononcée, inégale, formée de saillies et d'enfoncements, un peu bombée plutôt qu'aplatie; les flancs seront creux; les veines du ventre seront grosses, noueuses en forme de chapelet; le pis sera convenablement développé ; la queue enfin devra être bien attachée, fine et très-longue. Voilà, Jean-Claude, les marques les plus sûres et que les bons cultivateurs connaissaient en partie déjà il y a plus d'un siècle. On assure aussi que la couleur de la peau n'est pas une marque à dédaigner : ainsi, les robes noires, les robes d'un rouge vif, les robes couleur souris, sont, au dire des ménagères, des indices de la richesse du lait, tandis que les robes blanches annoncent ordinairement un lait plus abondant, mais aussi assez pauvre en beurre.

Dans ces derniers temps, ajoutait M. Manesse, un maquignon de Libourne, nommé Guénon, a trouvé d'autres signes qui ne trompent guère, mais qui ne sont point aussi faciles à saisir que les autres au premier coup d'œil. A force d'examiner le pis des vaches par derrière et sur les côtés, il a remarqué que, plus il s'y trouve de lignes ou de plaques formées par des poils remontants, et à peine interrompues par des poils descendants, plus la production du lait est assurée. Il doit y avoir du vrai là-dessous, parce que les marchands de bétail ont la précaution, depuis que la chose est connue, de raser le pis des vaches qu'ils mènent en foire, afin d'embarrasser les connaisseurs.

Ceux qui ont intérêt à élever des veaux pour la boucherie feront bien de se procurer des mères de forte taille et qui ne soient pas de race pure. Ils auront ainsi de gros veaux qui rapporteront plus que les petits et profiteront mieux que les veaux de race pure.

Quant aux moutons, il convient de s'entendre aussi sur le parti que l'on en veut tirer. Veut-on de la laine fine? On élèvera des mérinos ou croisés-mérinos, si, bien entendu, le climat de la contrée le permet. Veut-on de la viande délicate, sans prendre trop soin de la qualité de la laine? On élèvera des races ordinaires et écossaises. Veut-on de la viande commune en abondance? On s'attachera aux races anglaises perfectionnées.

Si nous passons aux porcs, nous connaissons

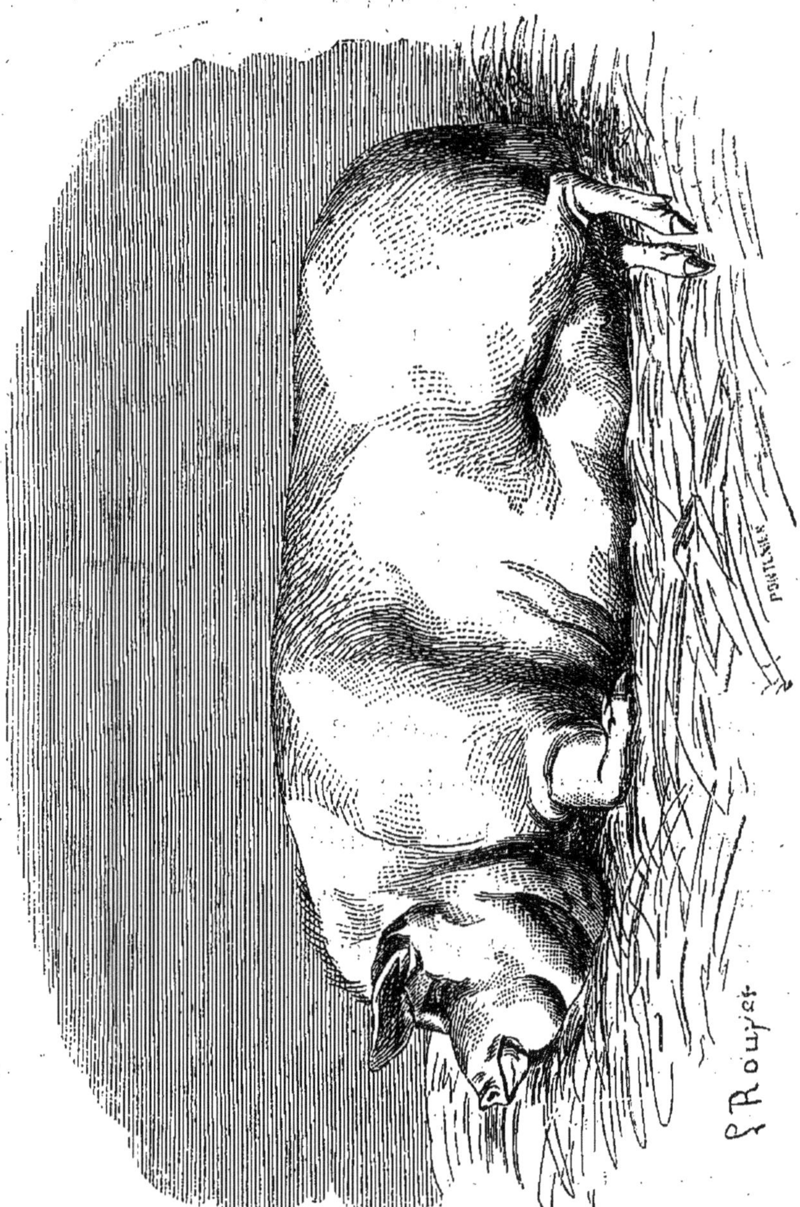

Fig. 20. — Porc.

de belles races qui ne s'engraissent pas vite, mais qui donnent de la chair de qualité supérieure; nous connaissons aussi des races de petite taille ou de taille moyenne qui s'engraissent vite, mais un peu aux dépens de la qualité. Or, tu sauras que la graisse précoce revient toujours à meilleur compte que la graisse tardive. Voilà pourquoi les races croisées et perfectionnées prennent peu à peu la place de nos vieilles races naturelles. Pour tous les porcs, quels qu'ils soient, et d'où qu'ils viennent, il y a des caractères qui distinguent les sujets faciles à engraisser de ceux dont l'engraissement est difficile.

Tu te défieras de ceux qui ont les soies très-fournies et rebroussées sur le dos, à la manière des soies de sanglier; de ceux qui ont les os gros et le corps haut monté sur pattes, de ceux enfin qui ont la queue grosse et longue : ceux-là ne prennent point aisément la graisse. Tu rechercheras au contraire les sujets qui ont les soies claires, fines, couchées dans le bon sens, les os fins, le corps bas sur pattes, et la queue fine et courte. Il y a gros à parier que ceux-là sont faciles à engraisser, puisque l'aptitude à l'engraissement a l'air d'être en raison directe de la rareté des soies. C'est au point que les Essex perfectionnés, et gras à tuer au bout de dix mois ou un an tout au plus, ont la peau presque tout à fait nue.

Xe VEILLÉE

Les animaux doivent être nourris suivant leur destination : les vaches laitières, les veaux, les vaches et les bœufs de boucherie, les moutons, les porcs.

Mon frère Nicolas nous a dit que les plantes avaient des appétits, et profitaient plus ou moins, suivant qu'on les nourrissait plus ou moins bien, plus ou moins suivant leurs goûts. Vous comprendrez sans peine qu'il en est de même pour les animaux, que nous voyons manger et rechercher, à l'occasion, les nourritures qui leur plaisent, tandis que la pauvre plante ne peut prendre que celle qu'on lui donne. Cependant, comme les animaux ne sont pas libres de rencontrer la nourriture qui leur plaît, que leur langue ne peut pas le dire, c'est à nous d'observer leur goût, et, dans notre propre intérêt, de le satisfaire autant que possible. La première condition, c'est que nous sachions bien à l'avance ce que nous voulons faire des bêtes ; en un mot, ce qu'il nous importe de tirer d'elles. Commençons par les vaches laitières.

Quand nous voulons, par exemple, beaucoup de lait, sans regarder de très-près à la qualité, nous leur donnons des fourrages verts de toutes les sortes, de l'herbe ordinaire, du trèfle, de la luzerne, du sainfoin, du seigle ou de l'escourgeon coupé en vert, des navets, des rutabagas, des pommes de terre, des betteraves, des carottes, etc. ; ou bien, lorsque la nourriture verte manque, nous mouillons le fourrage sec avec de l'eau tiède, car, plus il y a d'eau dans la nourriture, plus les vaches donnent de lait. Mais vous remarquerez que le lait en question n'est pas riche en crème, et qu'il prend toujours un peu le goût des nourritures avec lesquelles on l'a fabriqué ; ainsi, la chicorée lui communique de l'amertume et des propriétés purgatives, tandis que la betterave le rend fade, et les navets de toutes les sortes lui donnent une saveur forte et une odeur désagréable. Ce qu'il y a de mieux à faire, c'est de varier souvent les vivres, ou bien, de les mélanger tous ensemble. Lorsque nous voulons un lait riche en beurre et très-agréable, nous donnons du regain de pré, du foin de coteaux secs, et de la spergule.

— Quand il s'agit d'élever des veaux pour la boucherie, nous nous disons que ces veaux nous payent le lait qu'ils boivent pendant cinq ou six semaines, et même pendant huit semaines, au dire de M. Manesse qui, sans mentir, est le premier éleveur de veaux de Pontoise. Il nous a raconté souvent, et c'était la pure vérité, que chacun de ses veaux lui buvait en moyenne, par jour, dix litres de bon lait, qu'il était à peu près sûr de les vendre cent francs à l'âge de huit semaines, ce qui lui donnait un assez joli bénéfice en estimant le prix du lait dans la ferme à 9 ou 10 centimes le litre. Cependant, il faut convenir d'une chose, c'est que la plupart des bons cultivateurs ne trouvent pas la moyenne de dix litres par jour suffisante, et la portent à quinze, depuis le jour de la naissance du veau jusqu'au moment de le livrer au boucher.

Vous allez peut-être à présent me demander comment il se fait que M. Manesse ne soit point d'accord avec eux sur ce chapitre-là ; je vais vous le dire en deux mots : c'est que, vers la fin de l'engraissement, il est d'usage chez lui de couper le lait pur avec une infusion de foin qui ne coûte pas cher et réalise de l'économie. Nous avions des voisins qui ne comptaient pas aussi juste et qui terminaient l'engraissement en ajoutant des œufs frais au lait : nous en avions aussi qui, pour arriver plus tôt et gagner du temps, faisaient avaler aux veaux de cinq ou six semaines une ou deux cuillerées d'huile de foie de morue le matin et autant le soir. Quant à l'engraissement des vaches et des bœufs, les moyens varient avec les localités, avec les ressources dont on dispose : dans les pays où il existe des pâturages, on y envoie des bêtes toute l'année, puis on les vend dès qu'elles sont en viande, autrement dit dans un état d'embonpoint satisfaisant,

C'est ce qu'on appelle *graisser en dedans*. Il ne faut guère moins d'un hectare de bons pâturages pour mettre deux têtes de gros bétail en état. Dans les localités où il y a des distilleries, et par conséquent une masse de résidus, les engraisseurs nourrissent à l'étable, au milieu d'une atmosphère tiède, étouffante, et fabriquent ces animaux monstrueux qui fournissent plutôt du suif que de la viande de choix. Là, il est d'usage de donner aux bêtes quatre repas par jour et à discrétion, repas qui consistent en un mélange de paille d'avoine, de résidus et de tourteaux de lin ou de farine de seigle, à raison d'un kilogramme et demi de ces tourteaux et de cette farine par jour et pour trois têtes. Pour l'engraissement des moutons, il n'y a que les bons pâturages pendant le jour et que les mélanges de son, de tourteaux, de colza ou de navette, de paille de froment hachée, de racines coupées, telles que carottes, betteraves ou navets, le tout arrosé d'un peu d'eau salée et administré à la bergerie. Je connais aussi des cultivateurs qui les engrais-

Fig. 21. — **Bélier.**

sent avec du seigle non battu, du foin, des tourteaux de lin, et des glands de chêne. En ce qui concerne les porcs, dans les pays de pâturages maigres, comme on peut en faire au Tourne-bride, il convient de les laisser courir en liberté pour qu'ils aient la facilité de se développer et de prendre de la force, et, après cela, on achève l'engraissement en loges avec des pommes de terre cuites, du seigle, de l'orge, de la farine de sarrasin, du lait battu ou du lait écrémé. L'important, c'est de tenir la loge et le bac dans un état constant de propreté parfaite, de ne donner ni trop ni trop peu de nourriture, de la varier le plus possible pour entretenir l'appétit des animaux, de l'administrer à heures fixes et d'autant plus épaisse que l'engraissement est plus près de sa fin.

M. Manesse, qui ne laissait rien perdre, avait l'habitude de ramasser chaque année le poussier de foin de son fenil, de le faire vanner légèrement, et de le mêler à la nourriture de ses vaches et de ses porcs, après l'avoir arrosé d'eau tiède la veille de s'en servir. Ici nous nous trouverions bien d'imiter cette pratique ; cela vaudrait mieux que de jeter le poussier de foin sur le fumier, et d'infecter ainsi nos champs de mauvaises herbes.

A mon tour, voilà tout ce que je sais. Je crois maintenant que notre père pourrait, si cela lui plaît, faire aussi causer Philiberte, qui n'est pas plus sotte que nous, tant s'en faut, et qui doit savoir de bonnes choses sur la laiterie et tout ce qui s'ensuit. — Il n'y a pas besoin de tant de façons, reprit Philiberte : tout ce que je sais faire, je le ferai ; vous n'aurez qu'à regarder. — Tu ne réponds pas bien, mon enfant, interrompit le père Léonard : voir travailler n'est pas la même chose que d'entendre expliquer toutes les pratiques du travail, car celui qui regarde ne voit pas ou ne comprend pas toujours. Il faut commencer par les explications et finir par les exemples. Pendant que nous te regarderions travailler, nous serions les bras croisés, et cela n'avancerait guère notre besogne. Demain, mon enfant, tu te mettras à ton tour sur l'escabeau, vis-à-vis de moi, et tu nous conteras, de fil en aiguille, toutes les pratiques d'une bonne maîtresse de laiterie. Puisque ce sera là ton lot, au Tourne-Bride, il est bon que nous sachions comment tu comptes t'y prendre.

XIe VEILLÉE

De la bonne installation d'une laiterie. — Fabrication du beurre et de diverses sortes de fromages. — Quels procédés sont les meilleurs.

A la veillée suivante, le père Léonard, après s'être placé dans son grand fauteuil, appela sa fille et lui dit gaiement : « Allons, mon enfant, à ton tour de causer des choses utiles que tu sais bien. » Philiberte avait pris place sur l'escabeau, et tenait sa quenouille, pour filer tout en parlant. « Mon Dieu, dit-elle après quelques instants de silence, je suis un peu ahurie de vous voir là tous pour m'écouter, et je ne sais pas trop par où commencer. Dame! je ne sais pas parler comme l'instituteur, moi. — Commence par le commencement, ma fille, dit le père Léonard; que te faut-il pour faire de bon beurre? — De bon lait, bien crémeux. — Et où feras-tu ton beurre, où garderas-tu ton lait ? — Que je suis sotte ! reprit la jeune fille. Enfin je me rassure, et vous me remettez sur le chemin. Je vais vous conter ma petite histoire. — A Lagny, le lait était une grosse affaire, parce qu'on allait le vendre à Paris, qui n'en a jamais assez ; mais je crois que nous n'aurions rien à gagner ici à vendre notre lait en nature, car la ville est trop petite et trop éloignée de la ferme. Nous fabriquerons donc du beurre et peut-être même aussi des fromages que l'on ne fait point dans le pays, et qui ne s'en vendront que mieux.

Mais, pour que les produits soient bons et qu'il y ait profit, il faut d'abord que la laiterie soit bonne. Or, la nôtre ne vaut rien, parce qu'elle se trouve exposée au midi et trop rapprochée de la cour et du fumier. Comme nous disait madame, à la ferme de Lagny, le lait est aussi délicat que le vin d'un grand prix : il craint les mauvaises odeurs, il craint la malpropreté, il souffre de la grande chaleur et n'aime point le bruit des grosses voitures qui font trembler la terre et remuent l'air en même temps que les vitres. Je vous demande de me faire bâtir une laiterie au nord ou au levant, tout au moins dans un endroit tranquille, qui ne se ressente pas du passage des chariots et des charrettes, et qui ne se ressente pas davantage du voisinage des écuries et du fumier. Vous y ferez arriver le jour par une petite fenêtre, vitrée au milieu, grillée en dedans, et fermée en dehors avec un volet plein. Vous direz au menuisier d'établir des rayons en bois de sapin ou de peuplier ; au tailleur de pierres, de me tailler un égouttoir ; au maçon de blanchir les murs et de couvrir le sol avec des briques ou des dalles ; au tonnelier, de me faire deux ou trois seaux que l'on cerclera avec du fer ou du cuivre ; au ferblantier, de me préparer des moules à fromages, et au potier de me mouler des vases à lait vernissés en dedans, aussi larges que possible, et de moitié moins profonds que nos terrines du pays. Quant à la baratte, celle en forme de petit tonneau, que nous avons et que l'on manœuvre au moyen d'une manivelle, est encore une des meilleures parmi toutes celles que l'on vante, et je m'en servirai. Je ne vous dis rien du filtre, rien du sable fin ni des brosses nécessaires pour nettoyer les ustensiles; nous avons tout cela sous la main.

— Chez nous, au Tourne-Bride, et du temps de ma pauvre mère, comme encore en ce moment-ci chez les gens de l'endroit, continua Philiberte, on levait et on lève la crème pour faire le beurre; à Lagny, nous nous y prenions autrement et les choses n'en allaient que mieux: aussitôt le lait refroidi, on le versait dans la baratte et on l'agitait. C'est le seul moyen d'obtenir la qualité. Quant au babeurre, nous en faisions de la soupe qui ne nous plaisait point d'abord, mais à laquelle on s'habitue vite. Dans le cas où vous n'en voudriez point, nous le donnerions aux porcs à l'engrais, qui s'en réjouiraient et en profiteraient.

— Tout bien compté, reprit Philiberte, il n'y a pas dix ménagères au cent, qui sachent faire du beurre irréprochable; et cependant, pour y arriver, la recette n'est pas longue : il suffit d'avoir de bons herbages ou de bons fourrages pour se procurer le lait de bonne qualité ; et, dès qu'on a ce lait, il suffit de le refroidir vite, de le battre sans retard pour obtenir du beurre qui deviendra beurre de choix si l'on a soin de le laver à plusieurs eaux, et jusqu'à ce que la dernière eau en sorte parfaitement claire. Ce qui fait le mauvais beurre, c'est la mauvaise herbe, la vieille crème qui s'est épaissie à l'air, et le lavage insuffisant. Quand, au lieu de battre le lait, on veut à toute force attendre la montée de la crème pour battre celle-ci, on devrait tout au moins ne pas la conserver plusieurs jours dans de larges terrines, et la verser dans des vases élevés et à ouverture étroite, où l'air nuirait moins à ses qualités. Malheureusement, les habitudes prises sont bien difficiles à changer, et je vous assure que, si je n'étais jamais sortie du Tourne-Bride, j'aurais, comme les autres, de la peine à quitter les vieux usages. C'est plutôt en payant d'exemple qu'avec des conseils, que l'on réussit à mettre les nouvelles méthodes à la place des vieilles. Quand notre beurre aura de la réputation; quand on se dira de tous les côtés : « On ne sait bien le fabriquer qu'au Tourne-Bride; celui du Tourne-Bride se paye vingt centimes au kilogramme de plus que celui des autres; » les voisines commenceront à ouvrir les yeux et à nous demander notre secret, comme s'il y avait des secrets par le temps qui court.

— « Il y a pourtant des sorciers et des sorcières, à ce qu'on assure, interrompit le père Léonard; et ce qui donne à le penser, c'est que nous avons des femmes qui réussissent en quelques minutes à fabriquer du beurre, tandis que d'autres se fatiguent des heures durant pour n'aboutir à rien.

— C'est juste, dit Philiberte; ces choses-là ne se disent pas seulement chez nous, elles se disent encore autre part, plutôt dans les fermes malpropres que dans les fermes bien tenues, plutôt chez les gens qui font du beurre avec de vieille crème que chez ceux qui le

Fig. 22. — Laiterie.

font avec du lait, plutôt enfin chez les petits cultivateurs qui battent une ou deux fois par semaine au plus, que chez ceux qui battent tous les jours. On met d'ordinaire au compte des sorciers et des sorcières les grosses et les petites misères qu'on ne s'explique pas.

Supposez qu'il fasse trop chaud, et que je batte de vieille crème au lieu de battre mon lait nouvellement refroidi; le beurre ne se fera pas, et l'on dira que ce doit être la faute de quelque mendiant de mauvaise mine qui aura jeté un sort sur l'étable; mais supposez qu'il ne fasse pas trop chaud et que j'aie affaire à de la crème fraîche, le beurre se fera, et il ne sera plus question de sorcier. Supposez encore que je batte mon lait ou ma crème fraîche par un temps froid de l'hiver et dans une pièce froide, le beurre ne se montrera pas, et tout de suite la sorcellerie sera mise en jeu; mais supposez que je réchauffe la pièce, que je fasse baigner ma baratte dans de l'eau tiède, ou que je verse un peu de lait chaud dans l'intérieur, les grumeaux de beurre se formeront assez vite et plus personne ne parlera de mauvais sort. Lorsque je racontais à madame ce qu'on attribue chez nous aux sorciers, elle me regardait en face, souriait doucement et me répondait : Mon enfant, le sorcier c'est le lait malpropre, la crème trop vieille, le froid trop rude ou la chaleur trop forte ; toutes les fois que la laiterie sera bien tenue, que la baratte sera refroidie en été et réchauffée en hiver, le beurre ne se fera guère attendre. Ceux qui savent ces choses n'ont pas peur des sorts et réussissent ; ceux qui ne les savent pas ont peur du sorcier et de la sorcière et ne réussissent point.

Et, là-dessus, chacun se mit à raconter les histoires de sorcellerie qu'il savait et à rire de la crédulité des bonnes gens qui s'arrêtent à de pareilles misères. Si l'on avait pu rassembler tout ce qui fut dit de curieux, de risible et d'incroyable à la fin de cette veillée, il y aurait eu presque de quoi en faire un livre.

XIIe VEILLÉE

Quand le beurre frais ne se vend pas, on fabrique des fromages. — Manière de préparer les fromages de Brie et de Neufchâtel.

Pendant la nuit, une chose avait trotté par la tête de Léonard, et, dès le commencement de la veillée, il voulut en avoir le cœur net.

— Hier, dit-il à Philiberte, tu nous as dit de bonnes choses pour ce qui regarde le beurre ; mais il reste à savoir si tu trouveras ton profit à pousser un peu loin cette industrie-là. Défunte ta pauvre mère n'était point de cet avis. Philiberte répliqua tout de suite :

— Si je ne trouvais pas mon bénéfice dans la vente du beurre frais, j'essayerais de vendre la crème et du fromage mou, ou bien encore, ce qui vaudrait peut-être mieux, je ferais de ces bons fromages gras que les riches recherchent et payent sans beaucoup marchander.

N'allez pas croire qu'il n'y a que les ménagères de la Brie pour fabriquer le fromage de ce nom-là, qu'il faut être absolument Normande pour faire des bondons, qu'il faut être Hollandaise pour faire le fromage d'Édam; du moment que nous connaissons leurs procédés, il est tout aussi aisé de réussir ici que chez elles.

— Les fromages gras qui me paraissent les plus avantageux, continua Philiberte, sont ceux qui donnent le moins de peine et se font le plus vite; et, de ceux-là, j'en connais plusieurs, sans compter une préparation qui passe pour un fromage gras, qui n'en est pas un cependant et qui tient de la crème et du beurre. Cette préparation que vous ne connaissez pas, vous autres, consiste tout simplement à lever de la crème sur les terrines, à lui donner le temps de s'épaissir, à l'enfermer dans un linge et à l'enterrer au jardin pendant quarante-huit heures. Au bout de ce temps, on sort le linge de terre, on le délie et l'on en retire la préparation dont je vous parlais tout à l'heure. Il ne reste plus qu'à la saler convenablement, à la mouler et à la servir au dessert sous le nom de fromage gras. Nous en goûterons le jour de la Saint-Léonard. — Parmi les fromages gras qui ont du renom, celui de la Brie me plaît plus que les autres et n'exige pas autant de soins qu'on veut bien le dire. Écoutez plutôt : je prends un seau de lait contenant de 20 à 24 litres, et nouvellement trait, j'y verse à peu près une demi-cuillère à bouche de présure, après quoi, je remue et mêle bien : pendant que mon lait caille, j'étends sur une table une natte de paille ou de joncs, et sur cette natte je place un moule en bois, percé de petits trous à sa circonférence, comme qui dirait le cercle d'un petit tamis de cuisine. Ensuite je retire le caillé du seau et j'en remplis le moule. Le petit-lait s'en va, le caillé se réduit, et, au bout de quelques minutes, je remplis de nouveau le moule et le recouvre d'une natte de même sorte que celle de dessous, et sur cette natte j'étends un essuie-mains. Au bout de dix-huit heures environ, la pâte est assez ferme, j'enlève le moule, je remplace les nattes mouillées par des nattes sèches et je frotte un des côtés du fromage avec une pincée de sel fin. Le lendemain, je frotte l'autre côté de la même manière, et ainsi deux jours de suite. — Voilà mon fromage de Brie ; il ne me reste plus qu'à le mettre à la cave et à remplacer tous les jours les nattes humides par des nattes sèches. Aussitôt qu'il se forme sur le fromage une espèce de mousse d'un blanc bleuâtre, je la fais disparaître doucement avec le dos d'un couteau. Dès que mon fromage est mûr, je le reconnais à la teinte jaunâtre qu'il prend et je le vends tout de suite. C'est l'affaire de quinze jours ou trois semaines en été.

— Comprenez-vous? demanda Philiberte en promenant ses grands yeux sur toute la famille.

Tous firent un signe de tête qui voulait dire oui.

— Les fromages de Neufchâtel, que l'on appelle aussi bondons, reprit Philiberte, ne sont pas plus difficiles à faire que ceux de Brie ; on pourrait même ajouter qu'ils sont plus faciles, et pour le moins aussi délicats. — Je prends du lait que je n'écrème pas; je le filtre quand il est encore chaud, et, après cela, je le verse dans un pot de la contenance d'une vingtaine de litres, je suppose ; j'y verse une demi-cuillerée de présure, plutôt moins que plus, je recouvre le pot avec un morceau de laine et je mets une planche par-dessus. Le troisième jour au matin, je cherche un panier d'osier bien propre, je le garnis d'un linge blanc, et y verse le caillé et le petit-lait qui sont dans le pot. Le soir, quand le fromage est égoutté, je le retire du panier, l'enveloppe d'un linge et le charge de poids pendant un jour. Le lendemain, j'ôte le linge mouillé, je mets le fromage dans un linge sec et je le broie avec les mains jusqu'à ce que ma pâte devienne douce comme du beurre. Je presse de nouveau cette pâte en la chargeant de poids graduellement, non en une seule fois. — Du moment qu'il n'y a plus de petit-lait, je moule la pâte en en bourrant des cylindres de fer-blanc ; je pousse ensuite les fromages hors des cylindres, et je les saupoudre de sel fin en commençant par les deux extrémités. Je frotte le sel avec le plat de la main pour qu'il pénètre bien dans les fromages que j'étends sur une planche pour les laisser égoutter jusqu'au lendemain. Après cela, je les étends sur des claies garnies de paille et m'arrange de façon à ce qu'ils ne se touchent point. Il ne me reste plus qu'à retourner souvent les fromages pour les empêcher de s'attacher à la paille, et au bout de quinze jours ou trois semaines, lorsque les fromages se veloutent et deviennent bleuâtres, je les transporte sur d'autres claies garnies de paille et les y place debout. Seulement j'ai soin de les changer de côté de temps en temps. Au bout de trois semaines, quand j'aperçois des taches rougeâtres sur la peau bleue, je me dis que le moment est venu de les vendre.

Comme toujours, la veillée se termina par des observations de toutes les sortes. C'était à qui donnerait son avis sur les fromages gras. Jean-Claude partageait le goût de Philiberte pour le brie et le bondon ; Léonard inclinait vers le fromage de Troyes ; Nicolas ne voyait rien au-dessus de celui de Saint-Florentin ; Hubert aurait voulu le fromage d'Époisses. Il fut convenu que l'on essayerait des uns et des autres.

XIIIe VEILLÉE

De l'éducation des poules, des oies, des canards et des dinaes. — La volaille donne la vie à la ferme. — Souvent aussi elle lui donne du profit.

— Hier, dit Philiberte, je vous ai parlé des fromages qui me plaisent le plus et de la manière de les faire. Nous pourrons encore risquer la préparation de ceux dont vous avez parlé. J'aurais pu vous en nommer bien d'autres, qui sont recherchés aussi, qui ne sont pas difficiles à fabriquer non plus, mais que l'on prépare sur le feu, ou avec de l'eau chaude par grandes quantités, comme par exemple les fromages de Gruyère et de Hollande. Il n'y a donc point à y songer dans les petites exploitations. Aujourd'hui, si vous le voulez bien, nous causerons un peu de la volaille, qui n'est pas soignée dans nos pays comme elle devrait l'être. A Lagny, monsieur n'y tenait pas, mais madame y tenait beaucoup, non pour ce que cela rapporte, mais, disait-elle, parce qu'une ferme sans volailles ne ressemble point à une ferme, parce que les poules, les oies, les canards et les dindes donnent de la vie et rendent de grands services. C'est la vérité : un parent, un ami, nous arrivent au moment où l'on s'y attend le moins, et l'on est content d'avoir sous la main quelques douzaines d'œufs et une bête à plumer.

— Au Tourne-Bride, continua Philiberte, nous avons un poulailler assez grand pour loger une centaine de poules; c'est trop, je n'en élèverai pas plus de deux douzaines. La porte est au levant; c'est bien; du côté du couchant, il y a une fenêtre grillée, avec un volet plein à l'extérieur; c'est bien encore; le perchoir est disposé à la façon d'une échelle : je n'y trouve rien à redire, cela vaut mieux qu'un perchoir à plat. Mais, pour ce qui regarde les nids, ouverts dans les murs comme dans des trous de pigeonnier, je vous ferai remarquer qu'ils ne conviennent pas, attendu qu'ils sont frais en temps humide et difficiles à nettoyer en tout temps. Je les remplacerai donc par des paniers. Les murs sont malpropres; il conviendra de les faire blanchir; il y règne une mauvaise odeur; j'y brûlerai de temps en temps de la menthe, de la lavande ou du genévrier, ou bien, je la chasserai en versant du vinaigre sur des charbons allumés. Nous ne savons pas assez combien les poules aiment la propreté et combien il importe de la maintenir au poulailler, pour assurer la santé de la volaille et favoriser la ponte. Nous ne savons pas assez non plus que les poules sont très-avides de bonne eau; autrement, nous renouvellerions leur boisson trois fois par semaine en hiver et tous les jours en été.

— L'essentiel de l'affaire, reprit Philiberte, c'est de savoir faire son choix parmi les poules pondeuses. Il y en a, vous le savez, de toutes les sortes et de différents noms. Ainsi, nous avions, à Lagny, des poules de Padoue, des poules de Dorking, des poules de Crève-cœur, des poules cochinchinoises, des poules espagnoles et des communes.

Ces dernières étaient plus petites que les autres, mais en retour elles étaient plus robustes, mangeaient moins, pondaient leurs quatre ou cinq œufs par semaine en bonne saison, pondaient même hors de la saison, quand on avait la précaution de les tenir chaudement et de les bien nourrir. Il y a mieux, les œufs, moins gros que ceux des grandes races, passaient pour avoir plus de qualité et se vendaient plus aisément que les autres. Aussi, je ne vous le cache pas, je donnerai la préférence aux poules communes, à celles du pays. Mais il y a du choix parmi ces poules : nous en avons qui ont le plumage pâle, tirant sur le blanc, et celles-là ne sont ni les plus robustes ni les meilleures pondeuses ; aussi je préfère le plumage foncé, les poules noires ou tirant sur le brun. Nous en avons qui ne tiennent pas en place, qui ne se contentent pas de la cour de la ferme, qui ont la rage de courir on ne sait où. Celles-là non plus ne sauraient me convenir, car ce sont des maraudeuses qui amènent des querelles entre voisines, qui pillent les raisins et les froments, et pondent où elles se trouvent, dans les haies, sur les fenils, dans les granges, partout. Le temps qu'on perd à chercher leurs œufs vaut souvent plus que le produit. Nous en avons qui sont trop hardies, qui cherchent à imiter le chant du coq; ce sont de mauvaises pondeuses. Nous en avons enfin, de temps en temps, qui ont plus de cinq années d'âge. Celles-là sont trop vieilles et ne conviennent guère que pour couver.

— Tu ne nous dis rien, ma fille, interrompit Léonard, des poules qui s'obstinent à ne pas couver et de celles qui, au contraire, demandent toujours à couver et ne font que glousser.

— Quant aux premières, répondit Philiberte, il y a un moyen sûr d'en venir à bout et de les forcer à rester sur les œufs, c'est de les plumer sous le ventre et de frotter la partie plumée avec des orties. Quant à celles qui ennuient le monde à force de glousser, on a employé à Lagny deux moyens que voici pour leur ôter l'idée de couver : tantôt on les forçait à prendre un bain d'eau froide, tantôt on les enfermait dans un panier et on les laissait à la cave pendant vingt-quatre heures sans leur donner à manger. Ce second moyen réussissait toujours mieux que le premier.

— Je n'ai pas besoin de vous apprendre, continua Philiberte, que les œufs d'une couvée doivent toujours avoir moins de vingt jours, et que ceux qui contiennent deux jaunes ne valent rien. Vous savez cela; mais ce qu'on ne sait pas assez, c'est que les œufs de jeunes poules sont toujours préférables à ceux des vieilles. Vous n'ignorez pas qu'il est aisé, au bout de quelques heures de couvaison, de distinguer les œufs qui conviennent de ceux qui ne conviennent pas; les premiers deviennent louches, les autres restent clairs, et doivent être remplacés ; seulement il s'agit de faire ce remplacement pendant la nuit et de façon, autant que possible, que la poule couveuse ne s'en aperçoive pas, sans quoi elle quitterait le panier et n'y retournerait plus. Quand on fait couver des œufs de poules par des dindes, il n'est pas nécessaire de prendre tant de précautions. Je n'ai pas besoin d'ajouter que les poules couveuses n'abandonnent pas volontiers leurs œufs, et qu'il convient de mettre de l'eau et de la nourriture à portée de leur bec. Vous savez enfin, tout aussi bien que moi, que les œufs couvés s'ouvrent du vingtième au vingt-deuxième jour; qu'aussitôt éclos, les poussins sortent du nid, qu'il faut leur donner de suite de la mie de pain ou de la pâtée de maïs et de pommes de terre, qu'il faut les tenir assez chaudement et à l'abri des pluies pendant le premier mois, et qu'il est d'usage de les placer avec la mère dans une cage d'osier qui empêche la poule de s'éloigner et l'oblige à rappeler constamment ses petits. Vous n'ignorez pas non plus que les poules sont sujettes à plusieurs maladies, surtout quand on n'a pas eu pour elles les soins de propreté nécessaires. Mais vous ne connaissez pas les moyens de les guérir, il faut que je vous en dise deux mots. — Dès qu'une poule devient triste, on examine le croupion, et si l'on y voit un bouton blanc, on l'ouvre avec la pointe d'une épingle, on le presse pour en chasser le pus, puis, on lave la petite plaie avec du vin chaud ou du vinaigre chaud, après quoi on fait manger à la poule des feuilles de laitue ou de betterave cuites avec du son d'orge ou de seigle. — Lorsque, dans les temps humides ou par suite d'une nourriture trop verte ou trop mouillée, les poules ont le cours de ventre, on doit leur donner de l'avoine, ou du sarrasin, ou du chènevis et de la mie de pain mouillée avec du vin sucré. — Quand, après avoir manqué d'eau ou bu de l'eau sale, il se forme au bout de la langue des poules une peau blanche ou jaunâtre qui les empêche de boire et de crier, on dit qu'elles ont la pépie, et alors on enlève la petite peau avec une épingle, on frotte la plaie avec un peu de sel fin, et on met un peu de salpêtre dans l'eau destinée à la boisson. — Lorsque les poules ont passé trop vite du chaud au froid ou du froid au chaud, elles s'enrhument, gagnent ce que l'on appelle un catarrhe, reniflent et secouent la tête pour rejeter quelque chose qui les gêne au gosier. On réussit d'ordinaire à les guérir en leur administrant de la mie de pain mouillée avec du vin et en ajoutant un peu de salpêtre à leur boisson. — Les poules renfermées dans les poulaillers humides sont sujettes à la goutte. Ce qu'il y a de mieux à faire dans ce cas particulier, c'est de les mettre en lieu chaud et de leur frictionner les pattes avec de la graisse ou du beurre. — Il arrive enfin que les poux font beaucoup souffrir les poules. On les en débarrasse en les lavant avec de l'eau de savon noir.

Comme il se faisait tard, tout le monde fut d'avis de renvoyer au lendemain la fin de la causerie sur les volailles.

XIVe VEILLÉE

Suite et fin de l'éducation de la volaille.

Et le lendemain, en effet, elle fut reprise à huit heures, pendant que le grésil fouettait les vitres et que le vent faisait une infernale musique sur les toits.

— A présent, dit Philiberte, j'ai à vous parler des oies, des canards et des dindons. De même qu'il faut toutes sortes de gens pour faire un monde, il faut toutes sortes de volailles aussi pour faire une basse-cour. Vous allez me répondre que les oies et les canards ont besoin d'eau, et que nous n'avons ni mare ni rivière au Tourne-Bride pour leur donner leurs aises. Je vous assure qu'à la rigueur ils peuvent s'en passer. Ils en souffriront, c'est vrai, mais il n'y paraîtra guère. Je n'en élèverai d'ailleurs qu'une demi-douzaine de chaque sorte, pour essai seulement, non point pour le marché, mais pour nous autres, pour les jours de grande fête ou les grandes occasions, c'est-à-dire sans compter, comme on élève des bouvreuils ou des étourneaux, pour se distraire, non pour gagner. Je n'ai point oublié ce que madame me disait :

— Philiberte, mon enfant, rappelle-toi que ce qui est profit dans une ferme devient perte dans une autre, du moment que les conditions ne sont plus les mêmes. J'en sais qui gagnent des dots à leurs filles où d'autres ne gagneraient que de la misère. Ici, nos oies et nos canards sont de bonne rente, parce que l'eau et les pâturages maigres ne manquent point. C'est le bon Dieu qui se charge en quelque sorte de la nourriture. Mais à deux ou trois lieues d'ici seulement, c'est une autre affaire, parce que tous les vivres doivent sortir de la ferme.

— Ce que je sais de l'éducation des oies, reprit Philiberte, c'est madame qui me l'a appris. Elle me disait : Il y en a de deux sortes, celles de la petite espèce et celles de la grosse. Les grosses sont à préférer parce qu'elles rapportent plus que les petites. Parmi les grosses, il y en a dont le plumage est un peu foncé ; elles ne valent pas celles dont le plumage tire sur le blanc; enfin, celles qui ont de la vivacité sont préférables à celles qui ont le caractère tranquille. Tu les logeras convenablement et ne leur épargneras point la paille fraîche. Le matin, à l'époque de la ponte, tu n'ouvriras la porte de la loge que lorsqu'elles auront pondu; tu les nourriras avec de menus grains et des criblures. Tu feras couver les œufs d'oies par une poule et n'en confieras que cinq ou six à chaque couveuse. Au bout d'un mois, quelquefois même deux jours plus tôt ou deux jours plus tard, les petits sortiront, et au fur et à mesure tu les retireras de dessous leur mère adoptive pour les mettre en lieu chaud. Lorsque tous seront éclos, tu les emporteras avec la poule dans une pièce bien tiède, et là, pendant une huitaine de jours, tu leur donneras de la bouillie de farine d'orge et de lait. Au bout de ces huit jours, tu pourras les laisser sortir, mais en les éloignant des grosses oies qui les maltraiteraient. Avec les couvées d'avril, continuait madame, tu auras en juillet des oies que tu plumeras sous le ventre, sous les ailes et au cou ; à la même époque, tu plumeras aussi les vieilles. Au mois d'octobre, tu les plumeras de nouveau, mais légèrement; puis tu les engraisseras en hiver et les plumeras une troisième fois aussitôt tuées et avant qu'elles se soient refroidies, attendu que la plume des oies mortes et tout à fait froides ne vaut pas celle des oies vivantes ou encore chaudes. — L'engraissement des oies se fait de diverses manières, selon les localités. La plus simple consiste à les tenir dans une pièce étroite, tranquille, éloignée de la loge des oies criardes, assez obscure, et à leur faire manger à discrétion de la pâtée préparée soit avec du lait et de la farine d'orge, soit avec de la farine de maïs et de sarrasin, soit enfin avec des pommes de terre cuites. Tuleur donneras aussi de l'eau à discrétion. Dès que l'appétit baissera, tu les engaveras deux fois par jour, matin et soir, avec des boulettes de pâtée, et, au bout de trois semaines environ, l'engraissement sera complet.

— Quant aux canards, nous distinguons le barboteur commun, le plus petit de tous, mais le plus délicat, le canard de Normandie ou de la grosse espèce et le canard musqué ou de Barbarie. Enfin, il y a des mulets ou mulards, qui proviennent du canard de Barbarie et de la cane commune. Je te conseille d'élever la grosse espèce. A partir du mois de mars, et chaque jour pendant deux ou trois mois, les canes te donneront des œufs très-recherchés pour la pâtisserie. Tu ne les laisseras sortir qu'après la ponte, autrement, elles iraient faire leurs nids loin de la ferme. Si tu veux des couvées, tu choisiras une poule pour couveuse, et, au bout d'un mois, l'éclosion se fera. Tu garderas les jeunes canards en lieu chaud pendant une douzaine de jours, avant de les mettre en liberté dans la cour, et tu leur donneras la même pâtée qu'aux jeunes oies.

A l'âge de dix mois, tu songeras à l'engraissement des canards, et, à cet effet, tu les placeras sous une cloche d'osier, dans un endroit silencieux et chaud ; tu leur donneras du grain, de la pâtée à discrétion, mais le moins possible d'eau.

— Pour ce qui regarde les dindons, il y a plus de soins à prendre avec eux qu'avec les oies et les canards. Cette volaille souffre de la grande chaleur, de la pluie, du froid et des grands vents ; aussi est-elle plus rare sous les climats du nord que sous les climats doux. Tu préféreras les dindons à plumage noir aux dindons à plumage gris ou blanc, parce que les premiers sont plus robustes que les seconds. Tu les logeras dans un poulailler bien silencieux et bien propre, et tu leur feras élever un perchoir dans la cour. Tous les deux jours, à partir du printemps, chaque dinde te pondra un œuf, et sa couvée ira de quinze à vingt. La dinde est bonne couveuse. Au bout de trente à trente-deux jours, les petits sortent des œufs. Pendant les premiers huit jours tu les nourriras comme les petits poulets, mais en ayant la précaution de les embecqueter d'abord. Après ces huit jours, et par un beau temps, tu les sortiras du poulailler pendant quelques heures. Quand viendra le soir, ou pour les sauver du vent et de la pluie, tu les feras rentrer; enfin, tu les abriteras contre la chaleur ardente du soleil. Dès qu'ils auront quinze jours, tu chercheras de la laitue, des orties ou de l'herbe ordinaire que tu mêleras à leur pâtée de farine d'orge et de lait. En temps humide ou brumeux, tu leur donneras de fois à autre un peu de mie de pain mouillée avec du vin. Au bout de deux mois de soins, les dindonneaux *prendront le rouge*. En ce moment, tu ne te contenteras plus de la pâtée ordinaire; tu devras rendre la nourriture plus fortifiante, en y ajoutant des jaunes d'œufs, un peu de vin, du fenouil et du chènevis écrasé. Une fois le rouge pris, les dindonneaux deviennent robustes et peuvent aller au pâturage. Lorsqu'ils auront six mois, tu songeras à l'engraissement, dans une pièce sombre, silencieuse, sèche et convenablement aérée. Avec des pommes de terre cuites, de la farine d'orge, de la farine de maïs ou de la farine de sarrasin, à discrétion, tu n'auras pas de peine à les mettre en bon état ; puis, après un mois de ce régime, tu compléteras l'engraissement en les forçant à avaler des boulettes de farine d'orge.

— Philiberte, me disait madame, si jamais tu vas au Tourne-Bride, élève des dindons, ou plutôt achètes-en de maigres au mois d'août et envoie-les dans les éteules après moisson et dans les seigles au mois d'octobre ou de novembre. Ils trouveront du grain dans les éteules et des limaces dans les seigles. Tu les engraisseras ainsi sans frais d'aucune sorte et les revendras quelques semaines après.

XVe VEILLÉE

De la pépinière. — Culture des arbres. — Manière de les choisir. — Procédés pour obtenir une belle charpente et de bons fruits.

— A chacun son tour, ce n'est pas trop, commença le surlendemain Philippe ; une corde de plus à notre arc ferait assez bien les affaires du Tourne-Bride. Nos cultivateurs ont le tort de croire qu'après les blés, les foins, les bêtes de rente, le laitage et la volaille, il n'y a plus qu'à tirer l'échelle. Ils ne voient pas que depuis l'établissement des chemins de fer, l'étranger enlève nos fruits à pleins paniers et à pleins bateaux, qu'on les paye le double et le triple de ce qu'on les payait autrefois, que les plantations vont en augmentant, et que les jeunes arbres de pépinière que l'on vendait de 75 centimes à 1 fr. il y a une quinzaine d'années, valent aujourd'hui de 2 fr.

à 2 fr. 50. Nous en aurions des milliers sous la main chaque année que nous ne serions pas en peine de les vendre.

— Fais des arbres, mon garçon, répondit Léonard.

— Je vais prendre, pour commencer, un demi-hectare de nos meilleures terres, tout près de la ferme, et tout de suite, pendant qu'il ne gèle pas, je vais me procurer des sujets tout venus, à Orléans ou autre part. Je les grefferai, au bout d'un an de plantation, et, dans deux ans, la vente marchera. En attendant, je vais semer des pepins de pommes, de poires et de coings, des amandes, des noyaux de prunes, de pêches et d'abricots. Ces graines-là me donneront des sujets pour plus tard.

— Tu demandes un champ de nos meilleures terres pour les pépinières, fit observer Léonard; cependant, au dire des gens de l'endroit, les arbres de maigre pépinière conviendraient mieux et réussiraient mieux que ceux des riches terrains.

— C'est, en effet, reprit Philippe, un bruit très-répandu, mais en ceci je ne suis point de l'avis des gens de l'endroit. Il en est des arbres comme des hommes. Ceux qui ont bien vécu dans leur jeunesse sont plus solidement constitués que ceux qui ont pâti, et résistent plus longtemps à la misère.

— On a pourtant remarqué, interrompit Léonard, que les plants de riche terrain ont moins de chevelu que ceux d'un terrain pauvre et ne fructifient pas aussi vite.

— C'est juste, mais c'est précisément parce que les grosses racines sont tendres qu'elles n'ont pas besoin de chevelu pour les aider à vivre; et c'est précisément aussi parce que les arbres se portent bien qu'ils ne fructifient pas aussi vite que ceux qui se portent mal.

— Oh! halte-là, fit Léonard, les individus qui plantent des arbres ne les tiennent pour bons qu'autant qu'ils fleurissent l'année d'après, ou, au plus tard, la seconde année.

— C'est une preuve qu'ils n'y entendent rien. Ceux qui s'y connaissent un peu, et aujourd'hui, le nombre en est déjà considérable, savent bien que les arbres trop précoces ne durent guère et ne donnent pas des fruits de qualité supérieure. C'est pour cela qu'ils enlèvent les fleurs aux arbres d'un an et même de deux ans, et qu'ils ne permettent pas à des sujets de six ou sept ans de porter plus d'une douzaine de fruits. De cette façon, ils sont sûrs de faire une solide charpente, d'avoir des arbres d'une longue durée, et des fruits de choix.

— Je veux bien te croire, mon garçon, puisque tu as pratiqué la pépinière et que je n'y entends pas le premier mot ; cependant, il me paraît bon de donner aux acheteurs ce qu'ils veulent, quand même ils voudraient des rebuts. Si le marchand de grain me payait l'hectolitre de blé vert quatre ou cinq francs plus cher que l'hectolitre de blé mûr, je ne me ferais pas scrupule de lui fournir du blé vert.

— Je crois, reprit Philippe, que, dans toute industrie, il y a profit à fabriquer d'abord des produits qui ne laissent rien à désirer. Les éloges des vrais connaisseurs font les bonnes maisons. Je suppose que, pour faire plaisir à des ignorants, je leur fabrique des arbres qui produiront dès la première ou, au plus tard, dès la seconde année, j'en recevrai des compliments d'abord, mais ensuite, quand ces arbres commenceront à dépérir visiblement, j'en recevrai de mauvaises raisons, et la clientèle s'en ira. Mon pâtron, M. Matthieu, de Neuilly, m'a souvent dit : — Philippe, on arrive peut-être moins vite en faisant de bons arbres qu'en faisant des rebuts, mais, une fois arrivé, on ne suffit plus aux demandeurs, et la solide renommée que l'on a gagnée donne du contentement. Les pépiniéristes qui se moquent de la réputation ont la partie facile. Il leur suffit de greffer sur des sujets sans vigueur, de transplanter plusieurs années de suite les jeunes arbres, de les rapprocher plus que de raison les uns des autres, de leur donner le moins de nourriture possible et de gêner leurs branches par des procédés quelconques. Des sujets ainsi maltraités donnent plus volontiers de la fleur que du bois. Les semeurs d'arbres fruitiers qui sont pressés de savoir si leurs semis ont produit des variétés nouvelles, des *gains*, comme nous disons en terme du métier, font d'abord un choix parmi les jeunes arbres qui ont de l'apparence ; puis ils les transplantent tous les ans, les nourrissent mal, tordent leurs branches, éborgnent leurs yeux, uniquement pour les forcer à se mettre à fruit de bonne heure.

— C'est pour cela, sans doute, interrompit Léonard, que nous voyons, dans le pays, des individus qui coupent les racines et plantent des clous dans le tronc des arbres qui s'obstinent à donner toujours du bois et jamais de fruits.

— Précisément, dit Philippe, mais ces individus-là s'attaquent au moins à des sujets robustes et ne sont pas aussi blâmables que les pépiniéristes qui s'attaquent à des sujets jeunes et faibles.

— Ainsi, demanda Léonard, tu ne désapprouves pas tout à fait le procédé de nos paysans.

— Pardon, je le désapprouve. Il y a un moyen plus simple pour hâter la fructification, et ce moyen consiste à prendre sur un arbre trop vigoureux deux ou trois branches de deux ans que l'on arque et que l'on attache par les extrémités à des branches voisines. Cet état de gêne contrarie la circulation de la séve et force l'arbre à fleurir. Il en est des végétaux comme de nous autres ; du moment que nous avons un peu de mal à un doigt, tout le corps s'en ressent plus ou moins ; du moment aussi qu'une petite branche n'a pas ses aises, les grosses branches et le corps de l'arbre n'ont pas leurs aises non plus. On ne connaît pas assez la vérité que voici : chez un tout jeune arbre, la fleur est un signe de faiblesse ; s'il était fort, il ne produirait que du bois et de la feuille. Chez un arbre solidement charpenté, la fleur indique la force de l'âge, le moment où l'arbre peut donner du fruit sans inconvénient pour sa croissance qui se ralentit déjà. Cet âge mûr dure de longues années, selon les espèces et les variétés, et d'autant plus longtemps que sa jeunesse n'a pas été tourmentée. Chez l'arbre décrépit, devenu très-vieux, une floraison abondante redevient un signe de faiblesse comme dans le jeune âge. Un vieil arbre ne donne jamais autant de fleurs et de fruits mal développés qu'à la veille de mourir. Les bons fruits viennent sur les arbres qui ont atteint l'âge mûr ; les fruits de médiocre qualité sont ceux qui viennent trop tôt ou trop tard, mais surtout ceux qui viennent trop tôt, car ils n'acquièrent point, à beaucoup près, la saveur des autres.

Léonard était convaincu et ne soufflait mot.

— On ne connaît pas non plus assez, continua Philippe, cette seconde vérité que voici : — sur dix personnes qui cultivent les arbres fruitiers, il n'y en a pas deux qui sachent les choisir dans la pépinière. La plupart veulent qu'ils soient gros et qu'ils portent de fortes branches à la tête. Eh bien, entre nous soit dit, on ne saurait choisir plus mal. Plus un arbre a vieilli dans la pépinière, plus il a de défauts. Les vrais connaisseurs s'attachent aux sujets d'un an de greffe. Pourvu que la peau soit claire, la pousse vigoureuse, que les yeux soient bien conformés et bien vivants sur toute la longueur de la tige, ils ne sont pas en peine de donner à ces scions de l'année les formes qui leur conviennent. Voilà les jeunes arbres que les amateurs vont choisir en pépinière quand ils n'ont pas le temps de les élever eux-mêmes, et notez que, lorsqu'ils vont à la pépinière, ce n'est jamais vers la fin d'octobre ou en novembre, mais toujours au moment de la chute des feuilles, car ils tiennent à savoir si les sujets se dépouillent par le sommet, ce qui est toujours un mauvais signe. Les feuilles de la tête d'un arbre ou de l'extrémité des branches poussent nécessairement les dernières et doivent nécessairement aussi mourir et se détacher les dernières. Lorsque le contraire arrive, c'est qu'il y a un vice de constitution dans l'arbre et qu'il menace de se *cou-*

ronner, c'est-à-dire de périr par le sommet.

— Les pépiniéristes, principalement ceux qui font honnêtement les choses, poursuivit Philippe, ont plus d'intérêt à traiter avec des connaisseurs qu'avec des incapables, car les premiers rétablissent parfois des arbres en très-mauvais état, tandis que les seconds perdent souvent sans retour des arbres qui ne demandaient qu'à prospérer. Il va sans dire qu'ils mettent les torts de notre côté ; que si les arbres pâtissent, c'est notre faute ; que s'ils meurent trop tôt, c'est notre faute encore ; que s'ils ne donnent point de fruits, c'est notre faute toujours. Une plantation mal faite, une taille défectueuse suffisent pour tout compromettre. Une supposition : — je vous livre un arbre vigoureux ; vous le plantez à une grande profondeur dans un terrain frais ; il ne produira rien ; ou bien vous le plantez en terrain trop sec, et il produira de suite et mourra tôt ; ou bien enfin, vous le plantez convenablement dans un sol choisi, mais vous le taillez tous les ans trop court. Il ne vous donnera que du bois. Vous demanderiez au premier venu de mettre une pièce à votre pantalon ou à votre soulier, que le premier venu aurait la sagesse de vous répondre qu'il ne l'oserait, n'ayant de sa vie fait l'apprentissage de tailleur ou de cordonnier ; mais engagez-le à planter et à conduire un arbre quelconque, et vous verrez qu'il n'hésitera point, comme si, de toutes les professions, l'arboriculture était la seule qui n'exigeât ni connaissances spéciales, ni apprentissage. A moins d'être chirurgien, nul ne se risquerait à couper un bras ou une jambe ; mais quand il s'agit d'amputer un arbre, on n'y regarde pas de si près. Le sujet ne crie point et ne meurt pas sous le premier coup de serpette ; et puis, on peut se permettre de l'estropier, avec l'assurance que les dix-neuf vingtièmes des passants ne s'en apercevront pas et que le propriétaire des arbres n'intentera pas d'action en dommages-intérêts. Pourtant, en bonne justice, il ne devrait pas être permis de se donner pour jardinier quand on ne l'est point, et de massacrer impunément toute une plantation. Eh bien, c'est ce qui a lieu tous les jours et dans tous les pays du monde. Il prend fantaisie à un terrassier sans ouvrage de mettre une enseigne à sa porte et d'y écrire, par exemple : *Jean-Pierre, horticulteur, entreprend tout ce qui concerne son état.* Vous croyez Jean-Pierre sur parole ; vous le chargez de vous acheter deux ou trois cents pieds d'arbres en variétés de choix, de les mettre en place et de les tailler de façon à faire des éventails au mur, des pyramides, des fuseaux, des vases, etc. Il se charge de tout, mais, au bout de cinq ou six ans, vous n'avez que des arbres difformes, des monstres, et qui pis est, plus de variétés communes que d'autres. C'est un abus de confiance si jamais il en fut ; seulement cet abus-là n'a pas été prévu par le Code. C'est donc un nouveau travail, ce sont de nouveaux sacrifices à faire, sans compter les années perdues qui valent plus qu'on ne pense, surtout quand le propriétaire trompé a passé la soixantaine.

— Il faut bien souffrir ce qu'on ne saurait empêcher, dit Léonard.

— Si tous les gens étaient de mon avis, reprit Philippe, les choses iraient autrement. Je voudrais qu'il y eût dans chaque grande ville une commission de connaisseurs qui seraient chargés de diplômer les jardiniers. Ceux-ci seraient bien forcés de passer par l'examen et de savoir, par conséquent, au moins par où monte la séve et par où elle descend, et comment on doit la gouverner pour avoir du bois ou pour avoir du fruit.

XVIe VEILLÉE

Du jardin potager. — Principes à suivre pour avoir de bons légumes.

— Dans la culture maraîchère, dit Hubert, dont le tour était venu et qui, tout en travaillant la journée, avait songé à ce qu'il leur dirait le soir, c'est comme dans la pépinière. Nous avons intérêt à travailler pour ceux qui se connaissent en légumes, et ceux-là ne sont pas aussi communs qu'on pourrait le supposer. La plupart des individus qui font le jardinage autour des grandes villes s'en tiennent à un petit nombre d'espèces, toujours les mêmes, de père en fils, et n'ont qu'un souci, celui d'arriver de bonne heure sur les marchés, afin de vendre à des prix élevés. Un retard de trois ou quatre jours seulement devient une grosse perte, car, de la veille au lendemain, la baisse est marquée. Aussi longtemps que la province ne leur a pas fait concurrence, tout allait bien ; mais aujourd'hui que les primeurs viennent de loin par les chemins de fer, et que, sur le parcours des lignes, on fabrique de gros légumes à de faciles conditions, les maraîchers des grandes villes et de leurs banlieues n'ont qu'à bien se tenir. Nous avons sur eux toutes sortes d'avantages : nos terrains coûtent moins cher que les leurs et donnent des produits de meilleure qualité, parce qu'ils ne sont point fatigués par des plantes revenant trop souvent à la même place ; les engrais ne sont guère plus coûteux ici qu'aux environs de Paris ; la main-d'œuvre est moins élevée. Pour réussir, il convient d'abord de varier les légumes et de faire un bon choix dans les collections. Pour ce qui regarde le terrain, il n'y a pas lieu de se mettre en peine ; il y a moyen de sortir d'embarras partout. L'essentiel, quand on a la terre, le fumier et l'eau, trois choses que nous avons au Tourne-Bride, c'est d'avoir encore de la graine de toute première qualité. Or, vous saurez que, généralement, les cultivateurs n'attachent pas assez d'importance à la récolte de la semence.

— Les graines, continua Hubert, sont les reproducteurs des végétaux, et les mauvais reproducteurs sont à nos récoltes ce qu'ils sont à nos troupeaux. Voulez-vous des légumes parfaits, prenez des graines qui soient parfaites aussi; les qualités se transmettent comme les défauts.

Il y a plus de sûreté avec une graine de mine douteuse, mais provenant d'une belle plante, qu'avec une graine de bonne mine provenant d'une plante chétive.

C'est au moyen de la graine que l'on arrive à faire à volonté des races précoces ou des races tardives. Il y a trente ans, par exemple, les gros choux de Milan des Vertus (*fig*. 23) ne paraissaient point sur les marchés aussitôt que de notre temps. On les a avancés d'un mois et demi à peu près, et, pour y réussir, on a commencé par marquer les pieds qui, sur la quantité, pommaient un peu plus tôt que leurs voisins. Avec ces pieds-là on a fabriqué de la semence. Parmi les produits

Fig. 23. — Chou Milan.

obtenus de cette semence, on a marqué de nouveau les pieds les plus précoces. Avec la semence de ceux-ci, on a fait des plants, parmi lesquels on a choisi des porte-graines comme précédemment ; et, de la sorte, on est parvenu, à la longue, à fabriquer une race de choux de Milan hâtifs avec la vieille race de choux de Milan tardifs. — Si nous avions intérêt à obtenir des légumes tardifs, au moyen d'une variété précoce, nous prendrions toujours notre graine sur les plantes en retard, et, au bout d'un certain nombre d'années, nous y réussirions.

— Est-ce qu'avec les pommes de terre, demanda Léonard, on arriverait de même à avancer de plusieurs semaines les races tardives ?

— Certainement, répondit Hubert ; les Anglais ne s'y prennent pas autrement. Ils ont, par exemple, cent touffes d'une variété quelconque. Sur ces cent touffes, il s'en trouve, je suppose, trois ou quatre qui fleurissent quelques jours avant les autres. Ils ont soin de les marquer avec une baguette ou un cordon ; et, au moment de l'arrachage, ils mettent les tubercules de côté. Au printemps suivant, ils plantent ces tubercules et marquent de nouveau les touffes qui, dans le nombre, se mettent à fleur les premières, et ainsi de suite tous les ans.

— Et pour les betteraves à salade ? demanda encore Léonard.

— On part toujours du même principe, répondit Hubert. Voici, je suppose, une cinquantaine de racines. Sur la quantité, il y en a qui, sous le même volume, pèsent plus les unes que les autres ; ce sont les plus sucrées, les meilleures. Je les mets à part et les replante au printemps pour en avoir de la graine, et je continue de faire un choix parmi les produits de cette graine.

— Comment se fait-il donc qu'avec de la graine achetée chez les jardiniers, nous n'aboutissons jamais, malgré tous les soins, à produire des légumes aussi beaux que les leurs ?

— C'est parce qu'ils gardent la graine choisie et vendent celle qui ne l'est pas. Ils ont deux raisons pour cela : premièrement, ils tiennent à éviter la concurrence ; secondement, comme dans nos campagnes on va toujours du côté du bon marché, ils ne vous offrent pas de la semence que vous ne payeriez point à sa juste valeur. Admettons qu'il s'agisse de graine de laitue pommée. Pour l'avoir belle, il faut la récolter à la main, une à une, au fur et à mesure qu'elle mûrit, de façon que le jardinier dépense une demi-journée de son temps à recueillir ce que vous ne lui payeriez pas plus de cinquante centimes. Il *pince* donc la graine mûre pour son propre usage ; puis, quand il a récolté ce qui lui est nécessaire, il arrache les pieds de laitue, les fait sécher contre un mur, les bat, et vous vend de la semence de pacotille.

— Pour avoir des graines de choix, il convient de les laisser mûrir complétement sur pied, après avoir repiqué les semenceaux, de la prendre sur les tiges ou les rameaux principaux pour les choux cabus, sur les rameaux du milieu pour le chou de Bruxelles, après avoir eu soin de couper l'extrémité de la tige ; au milieu des gousses, pour les pois, les haricots et les fèves, car celles des deux bouts de la gousse ne valent point les premières ; au milieu des tiges et des gros rameaux sur les semenceaux de betterave, de bettes à cardes et d'épinards.

— Vous saurez aussi que les graines qui mûrissent les premières sur une plante passent avec raison pour être les meilleures; que la maturation des graines épuise beaucoup le terrain, et qu'il faut par conséquent les nourrir copieusement. Vous saurez encore que, pour ce qui regarde les plantes annuelles ou ne vivant qu'une année, comme l'épinard, le cerfeuil, la mâche ou doucette, il vaut mieux prendre la graine sur des sujets semés à l'automne et passant l'hiver en terre, que sur des sujets semés au printemps. Les premiers ont plus de racines, plus de force et se nourrissent plus convenablement que les seconds.

— Je connais des individus qui, pour beaucoup de légumes, donnent la préférence aux vieilles graines sur les nouvelles. Qu'en penses-tu, Hubert ? demanda Léonard.

— Je pense que les jeunes graines, récoltées parfaitement mûres, sont toujours préférables aux vieilles, mais pour les graines mal récoltées, c'est différent. Celles qui ont été desséchées avant leur complète maturité, sont sujettes à donner des plantes qui montent, qui s'emportent. Si on ne les sème qu'au bout de deux ou trois ans, elles ont eu le temps de mourir dans le sac et ne germent plus. Il ne lève donc des vieilles graines que les bonnes, les plus robustes.

— Une année, dit Léonard, il m'est arrivé de semer de la graine de carottes, de panais et de scorsonère, achetée partie chez un marchand, partie chez un autre. Avec celle-ci, j'ai récolté des racines divisées, fourchues, tout à fait laides, tandis qu'avec celle-là, j'ai récolté des racines faites au tour. D'où vient donc cette différence ?

— Elle tient quelquefois au terrain et au fumier, répondit Hubert. Avec une terre sèche et du fumier long qui la soulève, les racines fourchent d'ordinaire.

— C'est possible ; mais le terrain et la fumure étaient les mêmes pour les unes que pour les autres, fit observer Léonard.

— Dans ce cas, c'est que, parmi vos graines, il s'en trouvait qui n'avaient pas été prises sur de bons semenceaux. Je connais des jardiniers qui prennent de la semence sur des scorsonères de première année, se mettant vite à fleur parce qu'elles se portent mal, et la vendent comme étant de bonne qualité. Je connais aussi des jardiniers qui sèment leurs porte-graines de carottes et de panais en août, les abritent sous des feuilles mortes pendant l'hiver et les laissent à demeure au printemps, au lieu de les arracher et de les trier pour les replanter de suite. C'est le moyen de fabriquer une mauvaise semence. Quand on veut une bonne graine de racines, il ne faut la prendre que sur des sujets bien conformés, et, pour savoir si la conformation des racines est irréprochable, il faut les voir hors de terre, c'est-à-dire les arracher pour les replanter ensuite.

— Quand les graines sont récoltées, dit Hubert en terminant, il y a quelques précautions à prendre pour les garder en bon état. Elles craignent l'humidité qui les ferait pourrir, et la grande chaleur qui détruirait leurs germes. Le mieux, c'est de les placer dans des sacs de toile et de les suspendre au plancher d'une pièce sèche et plutôt froide que chaude. Je connais des jardiniers qui ouvrent les sacs tous les mois et remuent les graines, afin de renouveler l'air. C'est un excellent procédé.

— Voilà les principes, ajouta-t-il ; quand on les retient, le reste n'est plus qu'un jeu d'enfant et une affaire de pratique. Laissez-moi

Fig. 24. — Chou cabus.

faire, nous aurons du beau et du bon dans toutes les espèces et variétés. Le Tourne-Bride, qui n'a jamais vu de fins légumes, en verra;

Fig. 25. — Artichaut de Laon.

Fig. 26. — Artichaut de Bretagne.

le Tourne-Bride, qui ne connaissait que le gros chou cabus (*fig.* 24), en connaîtra bien

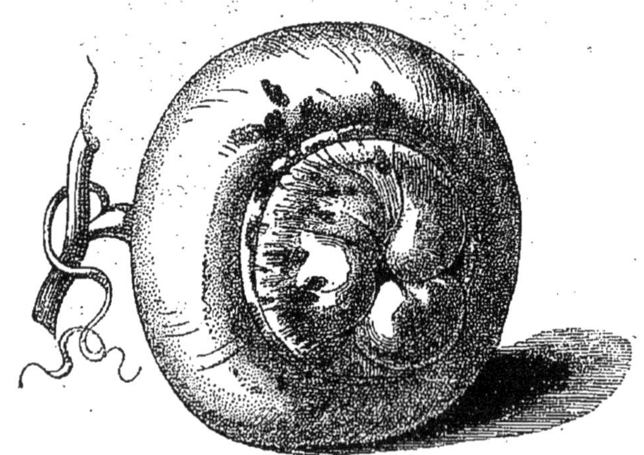

Fig. 27. — Courge

d'autres. Nous aurons les pois les plus précoces ; des haricots qu'on n'a jamais aperçus dans le pays ; des laitues grosses comme la tête, des cardons comme à Tours, des artichauts comme à Laon (*fig.* 25) et comme en Bretagne (*fig.* 26) ; des asperges qui ne figureront pas mal à côté de celles d'Argenteuil et d'Orléans ; des courges charmantes (*fig.* 27) ; des melons de la bonne espèce (*fig.* 28) ; et une

Fig. 28. — Melon.

infinité de choses auxquelles vous ne vous attendez guère et qui feront courir les gens par curiosité.

CONCLUSION

Vous devinez maintenant pourquoi la chance a tourné dans la ferme de Léonard, pourquoi le Tourne-Bride, qui faisait pitié il y a cinq ou six ans, fait envie à présent. Ce n'est pas la maison seule qui a changé de mine ; le terrain a changé aussi, et, sans mentir, il y a des gens qui se dérangent et viennent de plusieurs lieues voir les récoltes du Tourne-Bride. Soyons juste aussi, elles méritent d'être vues, et quand les enfants du père Léonard voudront se mettre en ligne dans les concours régionaux, soyez persuadés qu'ils en rapporteront le gros lot et la grande tasse. Ils y ont songé ; ils savent déjà ce qu'ils feront de l'argent, et la tasse a été promise au père pour le jour de sa fête ; seulement, ils ne se pressent pas et veulent lutter à coup sûr. Ce sera pour l'année prochaine, à ce qu'on dit.

Les fermiers du Tourne-Bride n'ont de secret pour personne ; au contraire, tous les hivers, ils invitent aux veillées les plus proches voisins de la ferme, et, tant que la soirée dure, on cause des blés, des prés, des fourrages, des racines, des bêtes, des engrais, de la pépinière et du potager. — Si nous réussissons, disent-ils, c'est que nous avons les vrais principes et que nous les appliquons, sans nous inquiéter de ce que le monde en pense, et c'est aussi parce que nous mettons de l'ordre dans nos affaires et que chacun de nous tient ses comptes en règle.

Si tous les voisins sont invités aux veillées du Tourne-Bride, tous ne répondent pas à l'invitation : mais les Bordier et d'autres encore n'y manquent jamais, ne perdent pas un mot de ce qui se dit ; et, depuis qu'ils appliquent les bonnes méthodes, on remarque des résultats qui font plaisir.

Quant au père Léonard, c'est aujourd'hui

l'homme le plus heureux du monde. Il fait ce qu'il veut et ce qu'il peut, aide l'un, aide l'autre, reçoit les gens qui honorent le Tourne-Bride de leur visite, leur explique ce que ses enfants lui ont expliqué et ne se lasse pas de dire que, s'il avait su, dans son jeune temps, ce qu'il sait à cette heure, il aurait réalisé de gros profits. C'est toujours lui qui tient la bourse, toujours lui qui achète les mauvais terrains pour en faire de bons et arrondir la ferme. On se la partagera quelque jour et la part de chacun ne sera point à dédaigner. Léonard ne demande plus que dix années de vie, juste le temps de bien marier ses garçons et ses filles. Il en demandera peut-être ensuite dix autres pour jouer avec ses petits-enfants, et il y a gros à parier qu'il les aura.

FIN.

TABLE DES MATIÈRES

FIN DE LA TABLE.

CORBEIL, typ. et stér. de CRÉTÉ.

3871-81. — CORBEIL. Typ. et stér. CRÉTÉ.

www.ingramcontent.com/pod-product-compliance
Ingram Content Group UK Ltd.
Pitfield, Milton Keynes, MK11 3LW, UK
UKHW021043200726
13857UKWH00003B/786